信息科学技术学术著作丛书

边缘计算中的资源调度机制

郑瑞娟　刘牧华　张茉莉　著

科学出版社
北　京

内 容 简 介

本书重点围绕边缘计算中的资源调度机制，从资源管理、计算卸载策略以及服务部署方法等方面进行研究，形成融调度框架、调度策略、卸载策略、部署策略于一体的较完备的边缘计算服务资源调度内容体系。首先，从服务请求的规范化管理和资源的随机应用调度两方面提出资源管理方案，实现虚拟机资源的管理和预先调度，加强资源的动态性以及自适应性管理；其次，分别针对低时延需求和多样化需求的计算任务提出边缘云计算卸载策略，有效降低任务的计算时延；再次，围绕计算卸载的能效问题，给出基于多核用户设备的计算资源调度、协同任务卸载方法，在减少计算卸载成本消耗的同时，提升任务处理效果；最后，围绕延迟敏感应用程序需求，提出一种基于剩余服务时间预测的动态服务部署列表调度算法和部署方法，提高边缘计算服务器的资源利用率和服务效率。

本书可以作为计算机、云计算等专业及方向的本科生及硕士、博士研究生的专业课教材，也可作为从事网络工程、云计算、服务管理、信息安全、自律计算等研究领域科技人员的参考书。

图书在版编目（CIP）数据

边缘计算中的资源调度机制 / 郑瑞娟，刘牧华，张茉莉著. --北京：科学出版社，2024.12. --(信息科学技术学术著作丛书). --ISBN 978-7-03-078832-0

Ⅰ TN929.5

中国国家版本馆 CIP 数据核字第 20244SW387 号

责任编辑：孙伯元 / 责任校对：崔向琳
责任印制：师艳茹 / 封面设计：无极书装

科学出版社 出版
北京东黄城根北街 16 号
邮政编码：100717
http://www.sciencep.com

北京九州迅驰传媒文化有限公司印刷
科学出版社发行　各地新华书店经销

*

2024 年 12 月第 一 版　开本：720×1000　1/16
2024 年 12 月第一次印刷　印张：11 1/2
字数：232 000

定价：120.00 元
（如有印装质量问题，我社负责调换）

"信息科学技术学术著作丛书"序

21世纪是信息科学技术发生深刻变革的时代，一场以网络科学、高性能计算和仿真、智能科学、计算思维为特征的信息科学革命正在兴起。信息科学技术正在逐步融入各个应用领域并与生物、纳米、认知等交织在一起，悄然改变着我们的生活方式。信息科学技术已经成为人类社会进步过程中发展最快、交叉渗透性最强、应用面最广的关键技术。

如何进一步推动我国信息科学技术的研究与发展；如何将信息技术发展的新理论、新方法与研究成果转化为社会发展的推动力；如何抓住信息技术深刻发展变革的机遇，提升我国自主创新和可持续发展的能力？这些问题的解答都离不开我国科技工作者和工程技术人员的求索和艰辛付出。为这些科技工作者和工程技术人员提供一个良好的出版环境和平台，将这些科技成就迅速转化为智力成果，将对我国信息科学技术的发展起到重要的推动作用。

"信息科学技术学术著作丛书"是科学出版社在广泛征求专家意见的基础上，经过长期考察、反复论证之后组织出版的。这套丛书旨在传播网络科学和未来网络技术，微电子、光电子和量子信息技术、超级计算机、软件和信息存储技术、数据知识化和基于知识处理的未来信息服务业、低成本信息化和用信息技术提升传统产业，智能与认知科学、生物信息学、社会信息学等前沿交叉科学，信息科学基础理论，信息安全等几个未来信息科学技术重点发展领域的优秀科研成果。丛书力争起点高、内容新、导向性强，具有一定的原创性，体现出科学出版社"高层次、高水平、高质量"的特色和"严肃、严密、严格"的优良作风。

希望这套丛书的出版，能为我国信息科学技术的发展、创新和突破带来一些启迪和帮助。同时，欢迎广大读者提出好的建议，以促进和完善丛书的出版工作。

中国工程院院士
原中国科学院计算技术研究所所长

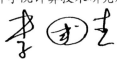

前　　言

边缘计算(edge computing，EC)具有邻近性、低时延、高宽带和位置认知等特征，可以将各类网络业务下沉到网络边缘，向用户提供无缝的信息服务支持，为当前智能终端急剧增加的应用需求提供一种有效的解决方案。随着5G技术的广泛推广与普及，其大带宽、海量连接和超低时延特性为边缘计算应用提供了强有力的基础支撑。然而，5G技术仅为超低传输时延提供了网络技术基础，如何合理调度系统资源、提高服务响应与处理能力、提供超低时延服务成为边缘计算系统亟待解决的关键问题。

边缘计算中的资源调度必须考虑边缘计算节点的局限性，在边缘计算节点上调度适合的资源和服务既能提高任务的处理速度，降低任务的计算时延，又能合理利用边缘计算节点的自身资源，提高整个边缘计算系统的资源利用率。边缘计算的资源调度通过预判调度预先配置在具有不同计算、存储和通信功能的边缘节点上，形成本地化的服务提供方案，能够从三个层面优化服务性能：①通过服务下沉将云端功能推送到网络边缘，有效降低核心网络负载，解决汇聚量过大、传输时延过长乃至核心网络拥塞的问题，为移动环境下的延迟敏感服务需求提供更好的传输支持；②将合适的服务下沉至边缘网络，有效缓解云端服务问题，提高服务响应与处理能力；③通过预先部署能够利用节点间的协同与并行计算，提高移动网络边缘的服务能力，减少服务的处理时延。因此，合理的资源调度策略才能提高边缘计算服务性能。

(1) 提出一种基于服务感知的资源分配框架。根据服务类型、资源需求量以及虚拟机服务能力的不同来进行服务请求与虚拟机的匹配，实现虚拟机资源的管理；采用请求分类算法与虚拟机开关机管理算法分别进行请求的分类和虚拟机调整；虚拟机迁移算法可以根据服务请求到达率的变化指导虚拟机迁移，实现相应服务资源的预调整，减少服务滞后，提高服务效率。

(2) 提出一种随机资源调度策略。采用马尔可夫决策过程模拟服务请求与随机调度之间的关系，并指导完成整个服务的资源调度；根据服务请求到达率的变化进行调度策略的动态调整，从而实现资源的预先调度，加强资源的动态性以及自适应性管理。

(3) 提出一种面向多用户的计算资源调度策略。将任务卸载过程规划为非合作博弈，证明该博弈为精确势博弈且至少存在一个纯策略的纳什均衡点；将任务卸载决策过程与内核调度过程归纳为计算资源调度过程，并通过多用户任务卸载算法确定任务是否需要进行卸载；如无需卸载，则进一步考虑用户设备的处理器内核调度问题，选出在满足时延要求的前提下，处理该任务消耗能量最小的内核进行处理。

(4) 提出一种边缘云环境中面向任务可分的协同任务卸载策略。根据任务各部分之间的依赖关系和其他因素，将其划分为多个子任务，并利用环境中的多个边缘云进行协同并行处理，以提高边缘云计算资源的整体利用率；改进差分进化算法，使其更为高效地解决子任务之间并行处理问题。

(5) 提出一种基于随机优化的边缘云计算卸载策略。将计算任务建模为队列系统，利用李雅普诺夫漂移优化理论，最小化每个时间槽上的队列长度；结合背压算法，通过综合考虑任务的时延与积压情况，共同确定其卸载决策，以减小卸载延迟，保证任务的顺利执行。

(6) 提出一种基于设备到设备(device-to-device，D2D)协作的计算卸载策略。采用 D2D 技术，分别对比任务在本地设备、对等设备以及边缘处理器上的执行性能，综合考虑任务的计算时延与能耗；利用随机优化方法与背压算法，在保证系统稳定性的同时，最大限度地降低计算成本，以获得任务最优的卸载决策。

(7) 提出一种固定场景中基于剩余服务时间预测的动态服务部署列表调度策略。在传输数据之前对网络链路进行评估，选择通信状态良好的链路进行数据传输，降低传输时延；通过有向无环图(directed acyclic graph，DAG)解析程序处理过程并分配任务组件到不同的边缘处理器，避免单一边缘节点的负载过高。从数据传输和服务时间两方面对整个服务部署策略进行优化。

(8) 提出一种移动场景中时延敏感应用程序的服务部署策略。在遗传算法的基础上综合了模拟退火算法的优点，通过引入模拟退火算法的思想，弥补遗传算法容易陷入局部最优值的不足；根据边缘计算节点的资源状况、服务时延以及能耗等方面的因素，针对用户移动性约束进行服务部署决策。

本书受到国家自然科学基金(No. 62172142)、中原科技创新领军人才项目(No. 234200510018)的资助，由河南科技大学的郑瑞娟教授、刘牧华副教授、张茉莉老师共同撰写完成，其中郑瑞娟教授撰写了第 1～5 章和第 10 章，刘牧华副教授撰写了第 6、7 章，张茉莉老师撰写了第 8、9 章。在本书的撰写过程中，得到了同济大学郑庆华教授、哈尔滨工程大学王慧强教授的指导，以及河南科技大学许峻伟、王艳艳、刘康、张家琦等研究生的支持与帮助，在这里一并表示感谢。

由于作者水平有限，书中难免存在不妥之处，敬请广大读者批评指正。

目　　录

第1章 绪　　论

1.1　边　缘　计　算

1.1.1　边缘计算的思想与架构

边缘计算，最初的概念来自内容分发网络(content delivery network，CDN)。但随着如今物联网、移动设备的快速发展，CDN已经远远不能再对边缘计算进行定义。伟大的发明通常来源于生活，边缘计算亦是如此，自然界中的章鱼约有 5 亿个神经元，其众多的神经元中约有 3.5 亿个均不在大脑中，而是位于多个触手之中，并且这些触手的神经元还可以绕过大脑直接进行沟通。边缘计算就类似于章鱼触手中众多的神经元，用户设备产生的待处理数据，可以不通过中心网络进行处理，而是通过数据源附近的边缘云进行处理。

通俗地说，边缘计算的本质其实是一种服务。类似于传统的云计算服务、大数据，区别就在于这个服务特别靠近用户本身。边缘是指从数据源到中心云之间，任何具有计算能力的设备、网络资源。数量众多的边缘计算资源为用户设备提供可靠的、近乎实时的计算服务[1]，从而使其无论是在节省能源还是减小用户代价方面都体现出了巨大的优势。

边缘计算的架构是由网络边缘设备和客户端组成的，用于在网络中心服务器和最终用户之间的空间中为客户或应用程序提供计算服务的一种新型信息技术(information technology，IT)服务模式。宏观上云计算架构与边缘计算架构对比如图 1-1 所示。

两种架构总体上都可以分为三大层，分别是核心云层、中间层(核心网络、边缘计算)和终端用户层。从图 1-1 中可以明显地看出云计算架构与边缘计算架构的区别，在云计算架构中核心网络只是起到了数据传输的作用，用户通过核心网络将任务提交至核心云中进行处理，等待核心云将处理结果通过核心网络反馈给终端用户。反观边缘计算架构，在中间层当中加入了算力设备，使得中间层具有一定的计算能力，用户将任务传输至中间层时，中间层就可以对任务进行处理。用户提交的大部分任务都会在中间层被处理，只有少量任务会发送至核心云进行处理，这样一来不但减轻了网络传输的压力，用户也能更快地获得任务处理的结果，提升了整个系统的计算效率。

从架构的模式上来看，虽然边缘计算的资源量有限，但是处理任务的节点距离用户较近，极大地缩短了用户与服务节点的物理距离，降低了数据传输距离，

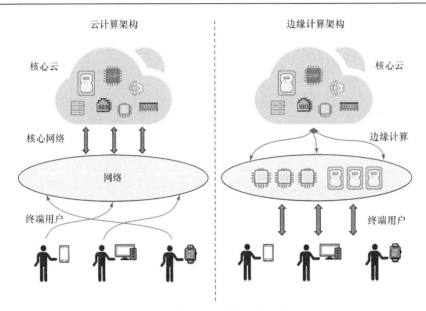

图 1-1　云计算架构与边缘计算架构对比图

提高了数据传输效率。边缘计算不但能满足用户对于处理数据密集型任务的需求，还能降低整个任务的处理延迟[2]。边缘云计算执行架构[3]如图 1-2 所示。

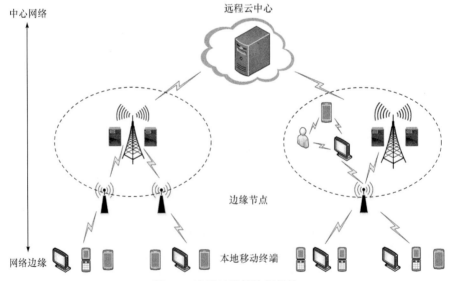

图 1-2　边缘云计算执行架构

在边缘计算中，基站、路由器、无线接入点等都属于云端与本地用户端的中间设备，通过这些中间设备将本地的任务放至网络边缘进行处理，同时也将云端大量的充足的服务扩展到网络边缘，极大地展现出边缘云作为当今研究热点的原因。边缘云系统主要包含设备终端、边缘端与云端三个组成部分。其中，边缘端相当于章鱼触手中的神经元；云端相当于章鱼的大脑。设备终端相当于章鱼触手需要自行决定的动作。下面将对这三个部分进行具体的介绍。

(1) 设备终端指用户持有的智能手机、智能开关设备、可穿戴设备等，且对于设备终端上需求不一的应用程序所生成的任务，可将其卸载到具有大量资源的处理器中进行计算，从而提高其性能。

(2) 边缘端表示在物理位置上靠近用户，且有一定计算资源的处理器设备，如路由器、基站、交换机等。它们可以实时满足用户不同的需求，且在一定程度上帮助减小了云端的计算压力。

(3) 云端包含充足的计算能力，囊括若干具有高运行能力、高存储能力的处理器，处理能力强大。同时能够并行处理多个高复杂性的任务，在一般的卸载场景中，云端的计算时延可忽略不计。

为应对本地应用程序各式各样的需求，可将边缘计算的执行模型分为以下三种类型。

(1) 边-端模型。对于该双层模型来说，可以将其看成一个传统云计算模型的缩小版，由原来系统中包含的有充沛资源且有强大处理能力的服务器，变成存储资源、计算能力都有限的边缘处理器。但其减小了本地用户与远程云中心网络的物理距离，即减小了传输时延与响应时间。

(2) 云-边模型。该模型只包含云端与边缘端，当本地终端出现无法执行的任务时，可以将其进行卸载。但当该任务在边缘端处理仍然有困难时，可以通过协调云端，作为边缘端的补充，共同执行该任务，保证本地设备上应用的正常运行，同时确保本地用户的计算质量。

(3) 云-边-端模型。该模型包含云端、边缘端、本地终端三层，三层设备相互协调，从而提高任务的计算效率。其中，云端对边缘云中有限的资源进行控制与管理，使其在系统中的分布式处理能力产生最大的影响，以最小化用户任务的执行成本，并满足用户对任务不同的处理要求。本地终端可以将任务放在自身、边缘，以及云上进行处理，从而最大限度地应对本地应用程序的异构性，并最大化系统中有限资源的处理能力。

随着社会智能化水平的提高，新技术的应用场景也不断扩展，更多移动场景的加入也为边缘计算提供了新的实践，出现了在边缘计算领域的另一全新方向——移动边缘计算[4](mobile edge computing, MEC)。从网络运营商的角度来看，可以将网络划分为无线接入网、移动核心网以及应用服务网三大类，但是伴随着新兴应用程序的出现，如虚拟现实(virtual reality, VR)、增强现实(augmented reality, AR)、无人驾驶、无人机协作[5]等场景的加入使得传统的三类网络都不适合为新型应用程序提供服务，由此诞生了 MEC。MEC 底层的逻辑实际上非常简单，目的就是尽可能地靠近数据生产端进行数据处理，只不过针对的是具有移动性的场景。通过存储、处理和分析在网络边缘生成的数据，运营商和供应商可以提高服务的响应速度和质量，同时也为前沿构想(如无人驾驶和智能制造等)的实现奠定基础。

1.1.2 边缘计算的特征与优势

边缘计算是网络架构的发展趋势，打破了基于云的传统网络限制。在边缘计算中，用户设备产生的数据不需要传输到云端，可以在用户设备附近的边缘云进行处理。因此，这种模式可以很大程度上降低传输时延，并提高数据处理性能[6,7]。有研究表明，利用边缘计算处理有关人脸识别领域的一些任务，其处理任务的响应时间由原先的 900ms 降低到 169ms；将部分待处理任务由原先的云中心处理转变为边缘云处理，其整体功耗将降低 30%~40%；通过边缘云进行数据整合、数据迁移，可以降低 95%的时间消耗。通过边缘计算处理用户设备产生的数据，其优势有以下几点。

(1) 低时延。用户设备产生的数据在靠近数据源的一侧进行处理，而不是外部数据中心或者云，这样很大程度上降低了数据的传输时延。通过该模式，边缘计算可以更快速地进行数据处理和分析，为一些时延要求高的应用提供及时的数据处理。

(2) 改善链路容量。随着接入网络的用户数量呈现爆炸式增长，用户设备产生的数据正在以创纪录的速度增长。如果将这些设备产生的数据都通过网络传输到云端进行处理，有限的网络带宽将变得更加有限，将会造成更长的网络传输时延。边缘计算将用户设备产生的待处理任务通过用户设备附近的边缘云进行处理，很大程度上降低了网络传输造成的时延，提升了任务处理质量。

(3) 可扩展性。在传统的云计算模式中，扩展 IT 基础架构需要购置新的设备，并且为设备找到额外的放置空间。因此，传统的云计算模式中，扩展数据中心变得非常困难。但是，在边缘计算中，只需要购买具有足够计算能力的设备来扩展边缘网络，无须为其数据建立私有或者集中式的数据中心。可以将边缘计算与托管服务结合起来以达到扩展网络边缘的目的。

(4) 个性化。在边缘云计算中，由于边缘云更靠近用户设备，借助其低时延的优势，可以根据个人需求提供实时的定制化服务，提供个性互动体验。例如，智能家居，以传统的云计算模式来实现上亿个家庭的智能家居，其可行性不高，但是利用边缘计算来为上亿个家庭提供个性化的智能家居服务就显得可行，且可以提供实时、可靠的服务。

(5) 系统鲁棒性增强。边缘计算是通过用户设备周围的边缘云进行处理数据，在网络状态不好，云端链接不上的情况下，可以通过边缘云进行处理。这样即使由于一些原因暂时链接不上云计算中心，整个边缘云系统也不会瘫痪，这提高了整个边缘云处理系统的鲁棒性。

(6) 安全性更高。传统的云计算模式需要将用户设备产生的数据传输到云端进行处理，这就增加了泄露用户隐私数据的风险。在边缘计算中，通过将数据在数据源一侧进行处理，结合现有的身份认证研究，很大程度上将增加用户数据的安全性，以保障用户在不同网络环境下数据和隐私的安全。

基于以上优势，边缘计算将在越来越多的领域发挥越来越重要的作用。《数据时代 2025》指出，科技的发展将进一步带动数据量爆炸式的增长，2018 年全球数据量约为 32ZB，短短 7 年之后，2025 年这一数字将达到 175ZB[8]。面对爆炸式增长的数据量，边缘计算凭借其计算服务的实时性、高效性等特点，通过"云-边-端"模式适时地解决了传统云计算的困境，将在未来"万物互联"时代发挥越来越重要的作用。

1.1.3　边缘计算的发展及应用

边缘计算即用户设备产生的待处理任务通过任务源附近的边缘云或者用户设备自身进行处理。边缘计算将中心云、边缘云、用户设备相结合，形成"云-边-端"一体化的网络处理模式，是解决未来数字化时代难题的重要途径。边缘计算的发展也是一个漫长的过程，美国容错技术有限公司首席技术官 John Vicente 将边缘计算的发展分为四个阶段：在边缘计算的 1.0 阶段，主要是关于管理、安全、链接设备以开启边缘的，这一阶段只具备一些业务运营所需的基本能力；在其 2.0 阶段，逐步采用开放的、软件定义的技术，可以将一些功能在软件中进行执行，同时，软件定义也促成了云计算的发展与实现，使企业借助软件即服务的优势，实现轻松管理网络、维护系统；在其 3.0 阶段，边缘计算主要用于一些工厂当中，工厂需要一些控制系统来执行确定性的行为；在其 4.0 阶段，与人工智能相结合，使之形成一个自我管理、自动化、智能化的系统，从而减少人为干预，为边缘计算的爆炸式扩展奠定了基础。

目前来看，边缘计算仍然处于初步阶段，目前智慧城市、智慧制造、直播游戏、车联网等领域对边缘计算的需求最为明显。

在智慧城市领域中，边缘计算主要用于物流、视频监控、智慧楼宇等情景中。这些应用所产生的计算请求，通过附近的边缘处理器，实现快速响应。对生物识别、物体识别能达到毫秒级的速度，提升其识别效率。

在智慧制造领域中，利用本地部署的智慧网关对相关应用所产生的数据进行及时的过滤、清洗，实现计算服务近乎实时的快速响应处理。

在直播游戏领域中，靠近数据源的边缘云为其提供更加丰富的内容存储、数据计算服务，使其渲染能力更加个性化，云游戏、云桌面成为可能。

在车联网领域中，高速行驶的车辆对任务处理时延具有非常高的要求。车辆周围众多的边缘云可以为其提供实时、可靠的计算处理服务，实现其实时的防碰撞监测、编队等功能。

边缘技术的应用场景已经逐渐遍布各行各业，最常见的就是搭载新型应用程序的各类智能设备，如在线游戏、VR/AR 体感游戏、3D 建模以及社交网络。随着用户对这类应用程序的实时性要求越来越高，这些应用程序的服务提供商开始向近用户侧部署应用服务器(边缘计算节点)，这样既减少了核心网络的数据传输压力，也提高了应用程序的服务质量。

在智能医疗领域，健康智能检测逐步发展，使人们不用再跑很远的路获取医疗服务。同时，随着边缘计算的发展，跨区域甚至是跨地区的医院可以进行更好的医疗协作。众所周知，人工智能在医疗领域的应用无一例外都是建立在大量医疗数据之上进行的。边缘计算与医疗场景相结合，可以更加快速地处理医疗数据，数据处理速度越快，越可以为患者赢得更多宝贵的治疗时间。

在车联网应用场景中，由于车辆的移动速度较快，车辆发出的数据需要更快地在网络中传输和处理。这时在车辆附近部署边缘计算系统，就可以在车辆附近接收车辆传输的信息，如车辆行驶状况、道路状态等信息，无须再上传至远端云进行数据处理。此外，边缘计算还具有缓存功能，前车收集到的数据信息经过处理可以缓存在附近的边缘计算节点中，当后车需要相同的数据时，可以直接将缓存信息发送给后车，节省了后车等待数据处理的时间。

此外，在智能安防领域，边缘计算也起到了重要作用。有关安全领域的事件通常情况下都是紧急事件，小到家庭安防，大到国家安全。对于入侵事件的检测，往往都有着极高的时延要求。边缘计算的加入，可以大幅缩短此类场景中的数据处理时间，为应对风险事件的发生争取了更多应对时间。

由上述场景不难看出，只要任务具有数据密集型、时延要求高的特点，引入边缘计算就可以有效地降低数据在网络当中的传输时延。同时，又可以为数据的分析和处理节约时间，使得场景中应用程序的服务质量显著提升。

1.2 计 算 卸 载

1.2.1 计算卸载的基本思想

移动应用程序越来越复杂，导致其在本地处理时面临的问题也越来越多。例如，设备的电池电量消耗加速、自身损耗变快、物理大小引起的能量受限等。这些问题对应用在本地处理的计算与运行效率，以及用户体验都造成了严重的影响。利用在边缘云中的计算卸载技术来对本地移动设备的性能进行拓展与增强，可以弥补本地固有的不足。

任务卸载是用户设备将自身产生的数据通过网络卸载到附近的边缘云上进行处理，通过这种方式不仅突破了自身资源的限制，也增强了自身处理数据的能力[9]。可以将该方法的思想看成一个客户端/服务器端(client/server，C/S)框架，该框架包含客户端与服务器端两个主要部分。客户端一般代表的是本地移动设备或终端，通常按照由研究者定义的卸载框架规则向服务器端发送计算请求；服务器端负责对从本地发来请求的接收，同时模拟出一个双方能够进行交互的虚拟卸载环境。在执行完请求的内容后，将结果再返回给客户端。需要注意的是，对于用户来说，这个过程是完全透明的，本地用户无法感知到该卸载过程。

在任务卸载的过程中需要考虑多种不同因素的影响，如网络状态、用户设备性能、边缘处理器的计算资源可用性、待处理任务的时延等，通过综合考虑这些因素来确定数据的具体处理位置，是任务卸载的主要研究内容。

在任务卸载中，任务可以通过网络卸载到附近的边缘云进行处理，也可以通过用户设备自身进行处理。当任务通过用户设备自身进行处理时，其能量消耗是指用户设备在处理任务的过程中所消耗的能量[10]；时间延迟是指用户设备在处理任务的过程中所消耗的时间[11]。当任务通过网络卸载到边缘云进行处理时，能量消耗分为两部分：①用户设备将任务卸载到边缘云所消耗的能量；②用户设备接收来自边缘云处理结果所消耗的能量。时间延迟分为三部分：①用户设备将任务通过网络传输到边缘云所消耗的时间；②边缘云处理任务时所消耗的时间；③边缘云将任务处理结果返回到用户设备所消耗的时间。

用户设备在进行任务卸载时，需考虑任务的时间敏感度，因为当任务卸载消耗过多时间时，会影响用户的使用体验，并可能造成程序因超时而失败。此外还应考虑能量消耗问题，如果能量开销过大，会导致用户设备的电量消耗过快，从而大大降低用户设备处理任务的数量。因此，将时间消耗和能量消耗相结合，使两者的综合消耗最小，才称为最佳的卸载决策[12,13]。

1.2.2　计算卸载的基本过程

任务卸载是指用户设备产生的待处理数据通过网络传输到其附近的边缘云进行处理，边缘云处理完成后再通过网络将处理结果返回到用户设备。计算卸载在现代计算环境中具有重要的意义和价值，在提高计算效率、降低设备负载、节约能源、支持移动和分布式计算以及促进创新和应用发展等方面具有重要的作用。随着云计算和边缘计算技术的不断发展，计算卸载将在各个领域和应用中得到广泛的应用和推广。

在边缘云计算卸载中，用户任务的卸载过程主要分为下面这几个步骤，如图 1-3 所示。其中，每个步骤的具体阐述如下。

(1) 寻找用户周围可用的计算节点，在任务卸载之前，寻找用户周围位于网络边缘的可用处理器，这些节点可以是远程云计算中心，也可以是用户设备附近的边缘云。这一步骤旨在为后续的任务卸载做准备。

(2) 对本地上的应用程序进行分块。通过分析任务不同的需求，按照高内聚低耦合的划分目标对程序进行分块，尽量保证分块之后各个任务块需求的完整性。值得注意的是，该步骤不是卸载过程中的必需步骤，即在实际的卸载场景中，有些程序选择全部卸载，此时并不需要进行分块处理。

(3) 本地用户根据设备的资源情况、网络状态、可用计算节点的状态，以及系统中定义的优化目标等，对卸载决策进行确定。该步骤是卸载过程的核心，用户需要综合考虑各种因素，以确定是否将任务卸载到边缘云节点进行处理。

(4) 根据卸载决策确定任务的处理位置。若选择不卸载，则任务在用户的本地终端进行处理；否则，用户可以将整个任务或任务块交给边缘云节点处理。

(5) 在计算完成之后，边缘云节点通过传输链路将结果返回给用户。用户可以接收处理结果，并根据需要进行后续的操作。至此，该卸载过程完成。

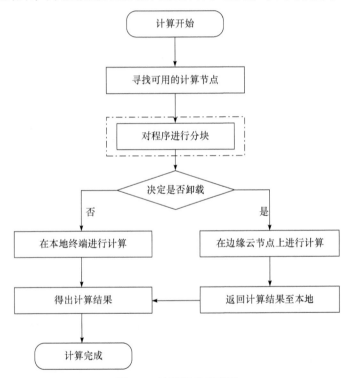

图 1-3　计算卸载示意图

以上是边缘云计算卸载的基本过程，其中用户通过寻找计算节点、分块应用程序、确定卸载决策、确定处理位置、任务卸载和返回处理结果等步骤，实现将任务从本地设备卸载到边缘云节点进行处理的过程。这种卸载方法可以提高计算效率和资源利用率，并减轻用户设备的负载。

1.2.3 计算卸载的主要分类

在边缘云计算中，计算卸载完全从用户的角度考虑，从而加快应用的计算过程，并减少本地端的消耗。在卸载过程中最重要的一步就是确定合适的卸载策略，而在卸载策略中，确定任务的卸载决策是研究过程中最关键的一步[14]。

本地用户需要选择是否进行任务的卸载，若执行卸载这一操作，需要考虑以下几个问题，并作出相应的决策。

(1) 任务选择。用户需要确定哪些任务适合进行卸载。这可以根据任务的性质、计算需求和对延迟的敏感程度来决定。一般来说，计算密集型的任务更适合卸载到边缘云节点进行处理，而本地设备可以处理一些简单的任务或者对响应时间要求较高的任务。

(2) 卸载比例。用户需要确定卸载比例，即将多少任务卸载到边缘云节点进行处理，而在本地设备上保留多少任务。这可以根据本地设备的计算能力、存储容量和电池寿命等因素来决定。如果本地设备性能较强，可以承担更多的计算任务，那么可以选择较低的卸载比例；而如果本地设备资源有限，可以适当增加卸载比例以减轻本地负担。

(3) 卸载目标。用户需要确定将任务卸载到何处。这要考虑可用的边缘云计算节点和网络连接状况。用户可以选择最近的边缘云节点，以减少网络延迟，并确保边缘云节点的计算能力和可靠性满足任务要求。

在解决这些问题时，本地用户可以结合应用需求、设备特性和用户偏好进行权衡。一种常见的方法是基于任务特征和设备状态制定合适的策略，例如，通过监测本地设备的负载情况和网络状况来动态调整卸载比例，以实现最佳的计算效率和用户体验。

对计算卸载进行分类在任务分配和资源管理、性能优化、用户体验提升、能源效率和环境友好、系统可扩展性等方面具有重要的作用。通过合理分类和卸载策略，可以优化计算资源的利用，提高计算效率，同时满足不同类型任务的需求，从而实现更好的计算体验和环境效益。卸载决策一般有以下几种情况。

(1) 本地执行。本地将处理应用程序所产生的全部任务，不执行任何卸载操作。出现该情况的原因可能是用户认为卸载代价太高或者本地设备周围没有可用的边缘云计算节点。

(2) 完全卸载。本地用户将所有到达的计算任务迁移到边缘处理器中进行处理。这意味着本地设备不处理任何任务，而是将所有任务发送到边缘云节点进行计算。完全卸载的优势在于充分利用了边缘云的计算资源和性能，可以加速任务的处理。

(3) 部分卸载。本地用户选择将部分任务留在本地设备上处理,而将其他任务卸载到边缘处理器上。这种情况下,用户需要确定如何划分任务,决定哪些任务适合在本地处理,哪些任务适合卸载到边缘云。这种卸载策略可以根据任务的特点和本地设备的资源情况进行灵活调整,以达到最佳的计算效率和资源利用率。

图 1-4 给出了以上三种卸载分类的示意图。

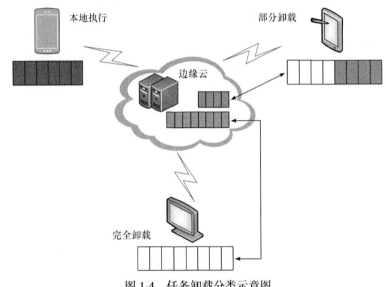

图 1-4　任务卸载分类示意图

在确定卸载决策时,本地用户需要综合考虑多个因素,包括但不限于本地设备的计算能力、存储容量、电池寿命、网络带宽和延迟、边缘云节点的可用性和性能等。通过权衡这些因素,用户可以选择最适合自身需求和环境的卸载策略,以提高计算效率并满足应用的要求。

总之,确定任务的卸载决策是边缘云计算卸载策略中最关键的一步。本地用户需要根据具体情况选择是否卸载任务,并决定卸载的范围和目标。通过合理的卸载决策,可以提高计算效率,减轻本地设备负担,并优化资源利用。

1.3　任 务 调 度

任务调度是指根据预定的时间表和规则,自动执行在计算机系统中排队等待执行的一系列任务的过程。它是计算机系统中重要的管理和优化工具,可最大限度地提高计算资源的利用率和工作效率。任务调度可以应用于各种计算环境,包括分布式系统、云计算环境、边缘计算等。

1.3.1 任务调度流程

任务调度的实现基于一系列算法和策略,通过综合考虑任务的属性、系统资源和调度策略,来确定任务的执行顺序和分配方式。下面是一个典型的任务调度流程的简化描述。

(1) 任务收集。任务收集是指将需要执行的任务收集到一个待调度的任务队列中的过程。这些任务可以是用户通过应用程序、界面或命令行提交的任务请求,系统中的某些事件或条件自动触发的操作,其他节点或服务发送到任务队列中的任务,相关任务的集合按照一定顺序和规则提交和执行的作业及其他来源。

(2) 任务队列。收集到的任务被放置在一个任务队列中,任务队列可以是先进先出(first input first output,FIFO)队列、优先级队列或其他类型的队列,根据任务的重要性和优先级进行排列。

(3) 调度策略。任务调度器使用特定的调度算法来决定任务的执行顺序和分配方式。调度算法可以基于任务的优先级、资源的可用性、任务的依赖关系、截止时间、资源需求等因素进行决策。常见的调度算法包括最短作业优先(shortest job first,SJF)调度、最短剩余时间(shortest remaining time,SRT)调度、时间片轮转调度等。任务出队后,将从队列中移除该任务。

(4) 资源分配。选定的任务被分配给可用的计算资源进行执行。资源分配涉及多个维度,如处理器、内存、存储、网络等。调度器需要考虑资源可用性和任务需求,以实现有效的资源分配。

(5) 执行任务。一旦任务被分配给资源,资源就开始执行任务。任务的执行过程可能涉及从存储中读取数据、计算、数据传输、结果写回等操作。任务可以是一个应用程序、一个脚本、一个作业等。

(6) 监控和控制。任务的执行状态通常会被记录和监控,以便任务调度器了解任务的进展和完成情况,包括任务的进度、资源使用情况等。根据需要,系统可以对任务进行控制,如暂停、中止或重新分配资源。

(7) 完成和反馈。任务执行完成后,系统可以生成相应的结果或输出。任务调度器可以记录任务的执行时间、资源消耗、执行结果等信息。这些结果可以传递给用户、其他系统或存储到适当的位置。完成的任务可以从任务队列中移除或标记为已完成。

(8) 循环。任务调度过程是一个循环过程,不断从任务队列中选择任务执行,直到任务队列为空或系统终止。新的任务不断进入任务队列,旧的任务被执行和完成。

1.3.2 调度优化目标

边缘计算中调度的评价标准影响调度技术的设计和方法,大多数任务调度技术是多目标的，在边缘计算调度中时间和成本大多都是一起考虑的，为了达到更好的调度效能，需要依赖时间、成本、能耗、资源利用率、负载均衡以及可靠性等不同的指标[15]。

(1) 时间。时间包括完成时间、执行时间、截止时间以及等待时间。在边缘计算环境下任务调度中，其中完成时间是指任务从提交到执行完成的整个调度时间；执行时间是指资源被分配到完成的时间；截止时间是指任务要求的最终完成时间；等待时间是指任务从执行到提交的时间。调度算法的主要目标是尽可能减少所有任务的完成时间，即使是最后一个完成的任务也能在最短时间内完成。这对于需要快速响应和高效利用资源的系统非常重要。

(2) 成本。任务执行产生的成本包括计算成本、数据传输成本以及用户为使用边缘计算平台向供应商所付出的费用。调度优化的目标是合理规划任务的调度顺序，减少数据传输量或采用本地计算等方式，可以降低计算成本和数据传输成本。同时，选择合适的供应商和费用计划，也可以最小化用户支付的费用。

(3) 能耗。能耗指应用程序在处理计算设备内的数据(计算能量)和通过可靠的网络传输数据(传输能量)期间消耗的能量。调度算法的目标是通过合理分配任务和资源来降低能源消耗，例如选择在能效较高的设备上执行任务，或者动态调整设备的功耗以适应当前的负载情况。

(4) 资源利用率。计算设备的资源利用率取决于重新调度和处理实时应用程序的资源数量，是用户在进行边缘调度的过程所占用边缘环境中的中央处理器(central processing unit，CPU)、存储、内存和应用各类软硬件的资源利用率。调度算法的目标是尽可能充分利用系统中的资源，避免资源的浪费和闲置，这对于资源受限或成本敏感的系统尤为重要。

(5) 负载均衡。是用户请求的边缘任务在不同的虚拟机、虚拟机不同的节点上分配的调度。负载均衡不仅可以改善资源的利用率，还可以通过低载资源的合并以及迁移能够降低能耗。调度算法的目标是将任务均匀地分配到不同的计算资源上，以避免某些资源过载而导致性能下降，同时最大限度地利用所有可用资源。

(6) 可靠性。这里的可靠性指任务执行的可靠性，确保所需的资源能够及时可用，并能够满足任务的需求。任务执行失败通常通过重新启动和复制任务来处理。任务的可靠性执行可以减少时间和计算资源的浪费。

1.3.3　常用调度算法

调度算法用于管理任务和资源之间的分配和执行顺序，以优化系统的性能、资源利用率和用户体验。任务调度算法是边缘计算领域中的重要组成部分，下面列举了一些常见的调度算法以及优缺点。

1. 先来先服务(first come first service，FCFS)调度

FCFS 调度算法既可用于作业调度，也可用于进程调度。当在作业调度中采用该算法时，每次调度都是从后备作业队列中选择一个或多个最先进入该队列的作业，将它们调入内存，为它们分配资源、创建进程，然后放入就绪队列。在进程调度中采用 FCFS 调度算法时，每次调度是从就绪队列中选择一个最先进入该队列的进程，为之分配处理机，使之投入运行。该进程一直运行到完成或发生某事件而阻塞后才放弃处理机。

优点：FCFS 调度算法非常简单，容易实现且易于理解。它不需要复杂的优先级计算或资源评估，只需按照任务的到达顺序进行调度；每个任务都按照提交的顺序得到执行，保证了任务的公平性。这种公平性可以避免对某些任务的偏好或歧视，确保每个任务都有机会被执行；FCFS 调度算法不需要进行任务的优先级排序或资源分配决策，它的调度开销相对较低。它适用于一些简单的场景和小规模系统，可以快速地进行任务调度。

缺点：如果系统中存在一些长时间运行的任务，它们可能会占据资源很长时间，导致其他任务等待时间过长，产生"饥饿"现象。这会降低系统的响应性和整体的执行效率；FCFS 调度算法忽略了任务的资源需求和优先级，只按照任务的提交顺序进行调度。这可能导致一些资源密集型或紧急任务等待时间过长，而一些简单的任务可能会占用大量资源；FCFS 调度算法没有考虑任务的资源利用率，可能会导致资源的低效利用。如果先执行的任务只占用少量资源而后面的任务需要更多资源，系统可能会出现资源浪费的情况。

2. 最短作业优先调度

SJF 调度算法是指对短作业或短进程优先调度的算法。它们可以分别用于作业调度和进程调度。SJF 调度算法是从后备队列中选择一个或若干个估计运行时间最短的作业，将它们调入内存运行。而短进程优先(short process first，SPF)调度算法是从就绪队列中选出一个估计运行时间最短的进程，将处理机分配给它，使它立即执行并一直到完成，或发生某事件而被阻塞放弃处理机时再重新调度。

优点：SJF 调度算法选择执行时间最短的任务先执行，可以减少其他任务的等待时间，提高整体的响应速度和执行效率；通过优先执行执行时间较短的任务，可避免某些任务长时间占用资源，降低其他任务的优先级，可以更快地完成任务，从而提高系统的任务处理能力和效率。

缺点：SJF 调度算法需要准确地知道每个任务的执行时间，如果任务的执行时间估计不准确，可能导致执行时间较长的任务等待时间过长，影响系统的响应性；系统中存在长任务时，由于优先选择执行时间较短的任务，长时间运行的任务可能会长时间等待，导致"饥饿"现象，可能会降低系统的整体执行效率和长

任务的优先级和资源利用率。

3. 时间片轮转调度

时间片轮转调度算法指将任务按照顺序分配给各个处理器，并给每个任务一个固定的执行时间片(时间片轮转)，当时间片用完后，任务被暂停并放回队列的末尾，而下一个任务会获得执行时间片。

优点：时间片轮转调度算法使每个任务都有机会获得相同长度的时间片，确保任务之间的公平竞争和资源的公平分配，长时间运行的任务不会长时间占用CPU，从而防止其他任务的"饥饿"现象，也减少了等待时间和响应延迟；通过合适地设置时间片大小，可以确保实时任务及时获得 CPU 时间，并满足其实时性要求；时间片轮转调度算法相对简单，实现相对容易。它不需要复杂的优先级计算或资源评估，只需要按照固定的时间片大小进行任务调度。

缺点：时间片轮转调度算法可能会引入较高的上下文切换开销，当一个任务的时间片用完后，需要进行任务切换，保存当前任务的状态并加载下一个任务的状态，如果时间片设置过小，频繁的上下文切换可能会导致额外的开销和系统性能下降；对于一些长时间运行的任务，时间片轮转调度算法不能提供确定的响应时间，如果一个任务的时间片被其他任务频繁抢占，它的响应时间可能会被延迟，所以不适合长任务的执行。

4. 优先级调度

优先级调度算法即基于每个任务的优先级来确定任务的执行顺序。每个任务都被赋予一个优先级值，优先级较高的任务将在优先级较低的任务之前执行。具有最高优先级的任务首先被选中执行，然后是次高优先级的任务。

优点：优先级调度算法可以确保高优先级任务得到及时处理，因此可以提供较短的响应时间，紧急或重要的任务可以在其他任务之前执行，减少等待时间和响应延迟；通过设置不同任务的优先级，可以根据任务的紧急性和重要性确定执行顺序。这对于实时系统和需要确保关键任务优先执行的场景非常有用；优先级调度算法相对简单，实现相对容易。它不涉及复杂的时间片计算或资源评估，只需要根据优先级进行任务排序和调度；任务的优先级可以根据系统状态或其他因素进行调整。这样可以根据实时需求和系统状况来调整任务的优先级，提供更灵活的任务调度。

缺点：如果某些任务的优先级较低，而有大量高优先级任务不断到达系统，低优先级任务可能会长时间等待，产生"饥饿"现象，低优先级任务可能无法得到充分的执行时间，导致性能下降；可能导致一些高优先级任务长期占用系统资源，而其他低优先级任务无法得到充分执行，降低系统的公平性；如果优先级设置不合理，过多的任务被赋予高优先级，可能会发生优先级倾斜问题，这会导致低优先级任务长时间等待，无法得到适当的调度和执行；在一些优先级调度算法中，任务的优先级是静态的，不会根据任务的运行状态或其他因素进行动态调整，这可能会导致无法灵活应对任务的优先级需求变化。

5. 最短剩余时间调度

SRT 调度算法即在任务执行过程中，动态调整任务的执行顺序，基于任务的剩余执行时间来选择下一个要执行的任务，具有最短剩余执行时间的任务将被选中执行，以确保最短的剩余时间任务在其他任务之前完成。SRT 调度算法一般在一些实时系统和对响应时间要求较高的场景中被使用。

优点：SRT 调度算法选择剩余执行时间最短的任务执行，能够尽快完成短任务，这有助于提高系统的响应速度和任务的及时性；算法根据任务的剩余执行时间确定任务的优先级，剩余执行时间越短的任务，其优先级越高，这种动态调整任务的执行顺序，可以确保短任务得到优先处理，提高系统的效率；SRT 调度算法适用于多任务环境，能够根据任务的特性和状态进行灵活调度。它可以适应不同任务的执行时间和到达时间变化。

缺点：SRT 调度算法需要准确估计每个任务的剩余执行时间，以选择最短剩余时间的任务，对于具有不确定性的任务，不准确的估计可能导致任务的调度顺序不理想；由于频繁地选择最短剩余时间的任务进行切换，可能会引入较高的上下文切换开销，而上下文切换涉及保存和恢复任务的状态，会占用一定的系统资源和时间，降低系统的效率；SRT 调度算法偏向于短任务，优先处理剩余执行时间较短的任务，这可能导致长任务长时间等待或者被短任务长期抢占，使得长任务的执行时间延长；如果系统中存在大量短任务，而长任务的数量较少，SRT 调度算法可能导致长任务长时间等待，出现"饥饿"现象。

6. 最高响应比优先(highest response ratio next，HRRN)调度

HRRN 调度算法即基于任务的响应比来选择下一个要执行的任务，根据任务的等待时间和执行时间计算响应比，选择响应比最高的任务先执行。HRRN 调度算法一般在一些实时系统和对响应时间要求较高的场景中被使用。

优点：HRRN 调度算法能够优先选择等待时间较长的任务执行，确保等待时间较长的任务能够尽快得到处理，提高系统的响应速度；算法根据任务的等待时间和服务时间计算响应比，动态调整任务的优先级，等待时间与服务时间的比例越高，响应比越高，任务优先级越高，可以根据任务的等待情况动态调整任务的执行顺序，提高系统的效率；HRRN 调度算法综合考虑任务的等待时间和服务时间，优先处理等待时间较长的任务。这有助于避免长任务长时间等待，提高系统

的公平性。

缺点：HRRN 调度算法需要准确获取任务的等待时间和服务时间信息，然后计算响应比。对于某些实时系统或复杂任务场景，准确获取等待时间和服务时间比较困难；HRRN 调度算法频繁地选择响应比最高的任务进行切换，上下文切换涉及保存和恢复任务的状态，占用一定的系统资源和时间，降低系统的效率；如果系统中存在大量短任务而长任务数量较少，HRRN 调度算法可能导致长任务长时间等待，出现"饥饿"现象，长任务可能会被短任务长期抢占，导致长任务的执行时间延长；HRRN 调度算法没有考虑任务的静态优先级，仅根据动态的响应比进行调度，这可能导致一些具有高优先级的任务被延迟执行，影响系统的实时性能。

1.4　服务部署

1.4.1　服务部署概述

服务部署是将软件应用程序或服务从开发环境或测试环境中成功地安装、配置并运行到生产环境的过程。在服务部署过程中，开发人员或系统管理员将应用程序的代码、配置文件、依赖项和其他必要的资源部署到目标服务器或云平台上，以供用户或客户使用。服务部署通常包括以下步骤。

(1) 目标环境准备：确定服务将要部署的目标环境类型，如物理服务器、虚拟机、云平台等，根据服务的需求和预期的规模，选择适合的环境。根据服务的要求和目标环境的支持情况，选择合适的操作系统版本，并确保其与服务兼容。根据服务的依赖关系，安装和配置所需的软件和工具，包括数据库系统、Web 服务器、应用程序框架、消息队列等，确保目标环境中的操作系统和软件组件都是最新的，并应用必要的安全补丁和更新。这有助于减少潜在的安全风险和漏洞，并提高系统的稳定性和可靠性。

(2) 打包应用程序：如果应用程序使用编译型语言，如 Java、C++等，首先需要对源代码进行编译。编译将源代码转换为可执行的二进制文件或字节码，这些编译后的文件将包含应用程序的逻辑和功能。在打包应用程序时，同时创建适当的文档和版本管理，文档应包括部署说明、配置说明和使用手册等，以帮助部署人员正确地部署和配置应用程序。版本管理有助于跟踪和管理应用程序的不同版本，以便在需要时进行回滚或升级。

(3) 部署方式选择：根据应用程序的特性和需求，选择适合的部署方式。常见的部署方式包括单机部署、多机部署、容器化部署(如 Docker)、云原生部署(如 Kubernetes)等。单机部署适用于小型应用程序或仅需在单个服务器上运行的应用程序；多机部署适用于需要处理大量并发请求或需要高可用性的应用程序；容器化部署通过将应用程序和其依赖项打包成容器，实现应用程序的快速部署和可移植性；云原生部署基于容器化技术的部署方式，通过使用容器编排平台来管理和编排应用程序的容器。

(4) 启动和测试：根据应用程序的要求，执行相应的启动命令，这可能是一个特定的命令行指令、脚本或服务启动命令，用于启动应用程序。监控应用程序的启动过程，确保没有错误或异常，如果发现任何问题或异常，可以进行故障排除并采取适当的措施来解决。查看启动日志、控制台输出或系统日志，以获取关于应用程序启动的状态信息，检查应用程序是否成功启动并监听配置的端口。定期进行测试和监控可以帮助保持应用程序的稳定性和可用性，并及时发现和解决潜在的问题。

(5) 监控和维护：设置监控机制来监控应用程序的性能、可用性和错误情况。这可以包括监控服务器资源使用情况、应用程序的请求响应时间、错误日志等，以便及时发现和解决问题。

(6) 自动化和持续集成：使用自动化工具和流程来简化和加速服务部署过程。持续集成和持续部署(continuous integration/continuous deployment，CI/CD)流水线可以自动构建、测试和部署应用程序，提高开发和部署效率。

(7) 扩展和升级：根据需求，进行系统扩展或升级，以支持更多的用户或提供新的功能。这涉及横向扩展服务器、使用负载均衡器、数据库集群化等操作。

服务部署的目标是确保应用程序在生产环境中稳定可靠地运行，并为用户提供所需的功能和服务。一个良好的服务部署流程可以提高系统的可维护性、可扩展性和安全性，并减少部署过程中的错误和故障。

1.4.2　用户任务卸载

1. 任务卸载的基本过程

任务卸载流程如图 1-5 所示，大致分为以下 6 个步骤。

(1) 用户设备感知环境中可用的计算节点，这些节点可以是远程云计算中心、用户设备附近的边缘云，为后续的任务卸载做准备。

(2) 用户设备根据待处理任务内部的依赖关系将任务分成多个子任务，如果任务内部的子任务是按顺序执行的，则不用划分。

(3) 用户综合考虑任务的时延、计算量、当前环境中计算节点的可用计算资源、网络信道状态等因素进行任务卸载决策，选择最优的边缘云准备卸载。

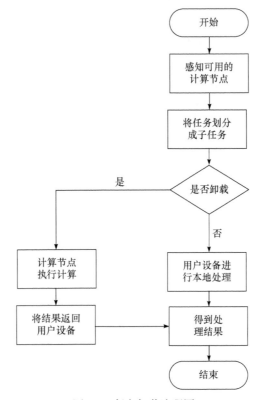

图 1-5　任务卸载流程图

(4) 用户设备通过网络将卸载的任务传输到步骤(3)选出的边缘云上。

(5) 边缘云在接收完任务后，利用自身的计算资源处理任务。

(6) 边缘云将任务的处理结果通过网络返回到用户设备。

其中，步骤(3)的任务卸载决策是核心步骤，也是本书研究的重点内容。

2. 任务卸载模型

在边缘计算中有关用户任务卸载问题的建模包括多个参数，如时延、能耗、带宽利用率、任务上下文、通用性以及扩展性等诸多方面。在边缘计算中要为用户建立准确的任务模型是非常复杂的，但是在边缘计算研究领域允许存在一些简单的任务模型，这些模型通常都可以表达为数学问题。目前，在边缘计算领域公认的任务模型分为两种，分别是二进制任务卸载模型和部分任务卸载模型。针对这两种模型的具体介绍如下。

二进制任务卸载模型的问题在于对于某个任务只有本地处理或卸载至边缘处理器处理两个选项，这类任务通常是高度集成或者是不可拆分的基本任务，任务必须作为一个整体执行。而对于部分任务卸载模型，应用程序是由多个组件构成的，可以以细粒度的方式进行计算，简单来说就是程序可以被分为多个部分，多个部分可以分开在不同计算节点执行。

在部分任务卸载模型中，数据分区模型是最简单的一种，因为它们的输入彼此独立，可以完全卸载到不同的计算节点进行并行计算。但是，在边缘计算中遇到更多的情况是应用程序任务内部组件是有依赖关系的，不能随意改变这些依赖关系。一方面因为有些组件的输入依赖于其他组件的输出结果，另一方面是因为有些功能或组件可以在边缘端进行运算，而有些功能只能在本地进行，如图像显示功能、参数条件输入以及运算结果接收等。

1.4.3 服务部署趋势

服务部署使得应用程序能够在生产环境中稳定运行并提供服务。在服务部署的过程中，应用程序的代码、配置和依赖项被部署到目标服务器、云平台或其他计算资源上，并进行必要的配置和设置。随着网络技术的发展，服务部署也进行了创新和提升，以下是一些当前的服务部署趋势。

云原生部署：越来越多的组织选择将应用程序和服务迁移到云原生架构中。云原生部署利用容器化技术(如 Docker)和容器编排平台(如 Kubernetes)，实现应用程序的弹性、可伸缩和可移植性。它提供了更高的灵活性和效率，使应用程序能够更好地适应云环境的需求。

自动化部署和 CI/CD：自动化部署工具和流程的使用越来越广泛。CI/CD 流水线使开发人员能够自动构建、测试和部署应用程序，实现快速、可靠的交付。这种自动化减少了手动部署过程中的错误和延迟，提高了开发和部署的效率。

容器化部署：容器化技术(如 Docker)的流行推动了容器化部署的趋势。通过将应用程序和其依赖项打包成容器镜像，可以在不同的环境中轻松部署和运行，提供了一致性和可移植性。容器化部署还提供了更好的资源利用率和隔离性，使应用程序能够更高效地运行。

无服务器(serverless)架构：无服务器架构在服务部署领域也得到了广泛应用。无服务器架构将应用程序的部署和管理交给云服务提供商，开发人员只需关注编写业务逻辑代码。这种架构可以减少服务器管理的复杂性，并提供更好的弹性和按需计费的优势。

边缘计算部署：边缘计算的兴起促使应用程序和服务靠近终端用户，减少了数据传输的延迟和可靠性问题。边缘计算部署将应用程序部署到边缘设备、边缘处理器或边缘节点上，使得数据处理和决策更加迅速和实时。

这些发展趋势反映了服务部署领域的不断发展和创新，旨在提高应用程序的可靠性、可伸缩性和效率，并满足不断变化的业务需求和技术挑战。

参 考 文 献

[1] Elbamby M S, Perfecto C, Bennis M, et al. Edge computing meets millimeter-wave enabled VR: Paving the way to cutting the cord[C]//IEEE Wireless Communications and Networking Conference, Barcelona, 2018: 1-6.

[2] Ma X, Zhou A, Zhang S, et al. Cooperative service caching and workload scheduling in mobile edge computing[C]//IEEE Conference on Computer Communications, Toronto, 2020: 2076-2085.

[3] 梁俊斌, 田凤森, 蒋婵, 等. 物联网中多设备多服务器的移动边缘计算任务卸载技术综述[J]. 计算机科学, 2021, 48(1): 16-25.

[4] Mao Y Y, You C S, Zhang J, et al. A survey on mobile edge computing: The communication perspective[J]. IEEE Communications Surveys & Tutorials, 2017, 19(4): 2322-2358.

[5] Hou Y Z, Wang C R, Zhu M, et al. Joint allocation of wireless resource and computing capability in MEC-enabled vehicular network[J]. China Communications, 2021, 18(6): 64-76.

[6] Guo D K, Xie J J, Shi X F, et al. HDS: A fast hybrid data location service for hierarchical mobile edge computing[J]. IEEE/ACM Transactions on Networking, 2021, 29(3): 1308-1320.

[7] 乐光学, 戴亚盛, 杨晓慧, 等. 边缘计算可信协同服务策略建模[J]. 计算机研究与发展, 2020, 57(5): 1080-1102.

[8] 施巍松, 张星洲, 王一帆, 等. 边缘计算: 现状与展望[J]. 计算机研究与发展, 2019, 56(1): 69-89.

[9] Wang W G, Li H, Zhang W J, et al. Energy efficiency for data offloading in D2D cooperative caching networks[J]. Wireless Communications and Mobile Computing, 2020, 2020(1): 2730478.

[10] Li H L, Xu H T, Zhou C C, et al. Joint optimization strategy of computation offloading and resource allocation in multi-access edge computing environment[J]. IEEE Transactions on Vehicular Technology, 2020, 69(9): 10214-10226.

[11] Xie K, Wang X, Xie G G, et al. Distributed multi-dimensional pricing for efficient application offloading in mobile cloud computing[J]. IEEE Transactions on Services Computing, 2019, 12(6): 925-940.

[12] 刘伟, 黄宇成, 杜薇, 等. 移动边缘计算中资源受限的串行任务卸载策略[J]. 软件学报, 2020, 31(6): 1889-1908.

[13] Shen S H, Han Y W, Wang X F, et al. Computation offloading with multiple agents in edge-computing-supported IoT[J]. ACM Transactions on Sensor Networks, 2019, 16(1): 1-27.

[14] 谢人超, 廉晓飞, 贾庆民, 等. 移动边缘计算卸载技术综述[J]. 通信学报, 2018, 39(11): 138-155.

[15] 刘炎培, 朱运静, 宾艳茹, 等. 边缘环境下计算密集型任务调度研究综述[J]. 计算机工程与应用, 2022, 58(20): 28-42.

第 2 章　基于服务感知的资源分配框架

2.1　引　　言

为了实现云服务中服务资源的可信管理，本章针对服务框架的整体服务流程展开研究，提出一种整体资源管理框架对服务请求的服务流程进行规范化管理，提出相关算法配合资源管理框架进行详细的细致化资源管理，最后达到云端资源可信管理的目标。此外，在框架以及算法设计过程中，将提高资源利用率以及减少服务延迟的多目标优化融入其中以提高框架的实际应用意义。

本章为了实现提高云端资源利用率和减少服务时延并举的联合优化目标，设计出一种基于服务感知的资源分配框架(service-aware resource allocation framework，SRAF)来进行请求到达云端后的请求调度、虚拟机管理等操作。SRAF 的操作流程分为两部分。①请求分类。本章提出一种自学习分类算法，该算法融合位置加权(位置越靠前越重要)以及属性加权(属性描述越全面越准确)的方法来进行服务请求分类(详见 2.3.2 节)。另外，分类算法具备自学习能力，可以根据请求处理后的反馈来调整属性的权重，从而达到提高分类准确率的目的。②请求共享调度。本章提出一种资源共享模型来进行带宽以及 CPU 资源的执行共享，即虚拟机以联合资源共享的方式实现多个服务请求的并行处理。首先，经过第一部分的请求分类之后，可以将请求大致分为视频类请求(传输密集型任务)以及文本类请求(计算密集型任务)。随后，通过请求的调度实现 CPU 资源以及带宽资源的空闲资源利用。这样的方式既可以减少排队时延，又可以达到提高资源利用率的目的。最后，由于在进行服务处理的过程中，请求的资源需求量是变化的，因此提出两种资源扩展算法，即横向扩展算法以及纵向扩展算法，来分别有针对性地执行虚拟机基本资源调整以及虚拟机的开关机管理，并且利用马尔可夫决策过程来进行虚拟机的迁移管理。

2.2　资源分配框架

本节阐述的 SRAF 如图 2-1 所示，实现服务请求到达云端后的逐步规范化处理。框架分为用户层、请求管理层和资源层。用户层进行请求的分发管理，可以根据设置的固定分布来执行用户请求的分发工作。请求管理层负责云端接收到服务请求后整个处理流程的管理。资源层含有各种资源池，负责为服务器提供资源。

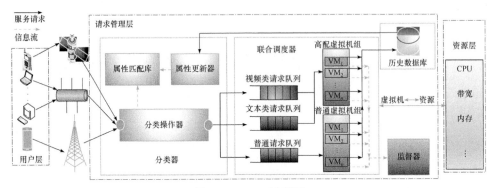

图 2-1　SRAF 示意图

　　请求管理层是框架的核心部分，其中包括四个组件，即分类器、联合调度器、历史数据库和监督器。当服务请求到达云端时，先经由分类器进行请求分类，如视频类请求、文本类请求以及普通请求，然后将不同的请求放入对应的分类队列当中。随后联合调度器针对不同的请求，调用不同的虚拟机进行处理。在调度过程中，设计出一种共享调度算法实现视频类请求与文本类请求的联合调度，并且构建高配虚拟机组进行联合调度处理。随后将普通请求分配给普通虚拟机组进行处理。当请求处理完之后，会根据请求处理来判断请求的种类，将其放入历史数据库用于分类器中请求分类的准确性权重调整。监督器主要负责监督虚拟机的各项状态、服务请求的到达率、服务请求的分类属性以及资源层的各类资源使用情况。分类器包含属性更新器、属性匹配库以及分类操作器三个组件。属性更新器获取历史数据库中的数据，利用这些数据与分类器结果进行比对，调整分类器的分类属性，随后将形成属性与预测分类对应的组合对，如⟨tv,视频⟩、⟨txt,文本类⟩等，并将这些组合对放入属性匹配库以达到提高分类准确率的目的。分类操作器主要是根据请求统一资源定位符(uniform resource locator, URL)所包含的属性信息来进行请求分类，例如，URL 包含"tv""dvd"等属性时，以视频类请求进行视频类加权操作；包含"txt""file"等属性时则以文本类请求进行文本类加权操作(详见 2.3.2 节)。

2.3　相关模型与算法分析

2.3.1　系统模型

　　本节研究内容是为服务请求分配相应的服务虚拟机，并将服务虚拟机放置在相应的物理机上。数学描述为 $\langle \text{task}_i \rangle \rightarrow \langle \text{VM}_j \rangle \rightarrow \langle \text{host}_k \rangle$ ，$i \in \{1, 2, \cdots, M\}$ ，

$j \in \{1, 2, \cdots, N\}$ ， $k \in \{1, 2, \cdots, Q\}$ ，其中 $task_i$ 代表服务请求 i ； VM_j 代表虚拟机 j ； $host_k$ 代表物理机 k 。对这三者的匹配情况进行如下定义。

定义 2-1 对于一个物理机集合 $\langle host_k \rangle = \{host_1, host_2, \cdots, host_k, \cdots, host_Q\}$ 和一个虚拟机集合 $\langle VM_j \rangle = \{VM_1, VM_2, \cdots, VM_j, \cdots, VM_N\}$ ，两者之间的匹配关系用矩阵 $U_{Q \times N}$ 表示：

$$U_{Q \times N} = [u_{kj}]^{Q \times N} \tag{2-1}$$

如果 VM_j 不在 $host_k$ 上，则 $u_{kj} = -1$ 。如果 VM_j 在 $host_k$ 上，则 $u_{kj} \in (0,1)$ 。此时 u_{kj} 代表资源的利用率。

定义 2-2 对于一个服务请求集合 $\langle task_i \rangle = \{task_1, task_2, \cdots, task_i, \cdots, task_M\}$ 和一个虚拟机集合 $\langle VM_j \rangle = \{VM_1, VM_2, \cdots, VM_j, \cdots, VM_N\}$ ，两者之间的匹配关系用矩阵 $A_{M \times N}$ 表示：

$$A_{M \times N} = [a_{ij}]^{M \times N} \tag{2-2}$$

其中， $a_{ij} \in \{0,1\}$ ，"0"代表 $task_i$ 与 VM_j 没有匹配关系；"1"代表 $task_i$ 被分配给高 VM_j 进行处理。

2.3.2 服务分类

分类模型主要功能为指导分类器进行服务请求的分类。模型根据服务请求 URL 中的属性不同以及各属性的位置不同来进行属性类别以及位置类别加权的判断，最后通过对比实现服务请求的分类。在分类模型中，位置加权主要是根据人类的行为习惯，越是靠前的文字描述越是重要[1]。属性加权则是依靠前期的人为加权设置以及后续的自学习方案进行属性加权调整，权重调整依托于反向传播 (back propagation，BP)神经网络的负反馈调整过程。

模型操作主要由自学习分类算法(self-learning classification algorithm，SCA)完成。该算法主要通过两种加权分类方式来实现最终作业的分类，作业类型主要分为视频类请求、文本类请求和普通请求三类。根据两种加权方式的组合来最终确定其所属类型。其中，位置加权法是根据人类的行为习惯，比较重要的东西放在靠前的位置。因此，我们通过位置加权的方式可以提高分类的准确性。例如：一个请求的 URL，可以将它分割成 n 段，然后组成一个一维数组 $L = \{l_1, l_2, \cdots, l_n\}$ 。随后应用式(2-3)来计算第 i 个元素 l_i 的位置权重：

$$\alpha_i = (n - n_{loc}) / n \tag{2-3}$$

其中， n_{loc} 为元素 i 所在数组 L 中的位置，即第 i 个元素。随后，应用第二种加权方法，

即属性加权来进行元素 i 的二次加权。在分类之前需要根据元素类型的不同进行映射库的扩充。例如,用 G_v、G_f 分别代表视频类映射元素集和文本类映射元素集。这两个集合共同组成框架中映射库的元素集 $G = \{G_v, G_f\}$,具体内容集合的数学描述为 $G_v = \{\langle tv, video \rangle, \langle dvd, video \rangle, \cdots, \langle avi, video \rangle\}$,$G_f = \{\langle doc, file \rangle, \langle wps, file \rangle, \cdots, \langle ppt, file \rangle\}$。从元素内容来看,$L$ 中出现的 tv 这样的元素所代表的权重必定高于其他视频类型的元素。因此,对于 L 中所出现的元素的不同,要给予不同的权重。随后,根据权重的综合来最终判断此作业的归属。假设在 L 中有 m 个元素属于 G_v,如 $fea = \{k_i \in L | i = 1, 2, \cdots, m, m \leqslant n\}$ 且 $fea \subseteq G_v$,用 $\{\beta_v^1, \beta_v^2, \cdots, \beta_v^m\}$ 来对应表示 fea 中每个元素的属性权重。最后根据式(2-4)将位置权重以及属性权重结合起来进行最终的视频类权重计算:

$$\beta_v = \sum_{i=1}^{m} \alpha_i \beta_i \tag{2-4}$$

同理,利用式(2-5)将位置权重以及属性权重结合起来,计算得到最终的文本类权重:

$$\beta_f = \sum_{i=1}^{m} \alpha_i \beta_i \tag{2-5}$$

最后根据式(2-6)进行作业类型归属的判断:

$$\beta = \max\{\beta_v, \beta_f\} \tag{2-6}$$

通过比较选出较大的权重确定最后服务请求的类别。然而,当 β_v、β_f 都为 0 时,将作业归于普通请求类。关于 SCA 的具体算法过程见算法 2-1。

算法 2-1　　自学习分类算法

1: 　输入:请求 $task_i$;
2: 　输出:作业最终类型;
3: 　初始化:G_v、G_f;
4: 　分割作业信息形成集合 L;
5: 　根据式(2-3)、式(2-4)以及集合 L、G_v 中的元素计算最终视频类权重 β_v;
6: 　根据式(2-3)、式(2-5)以及集合 L、G_f 中的元素计算最终文本类权重 β_f;
7: 　根据式(2-6)计算最终的权重归属 β;
8: 　将作业放入对应的类别队列.

2.3.3　虚拟机迁移

在虚拟机处理服务请求的过程中,由于单个物理机资源的有限性,虚拟机在工作过程中会出现资源短缺或者多个不同资源配置的虚拟机共同占据物理机而导致少量资源闲置的情况。为了解决资源短缺或者少量资源闲置的问题，引入虚拟机迁移来执行虚拟机在两个物理机之间的迁移工作，以达到提高资源利用率、减少能耗的目的。

虚拟机迁移工作可以利用马尔可夫决策过程进行控制，通过策略的变换与调整来实现最优虚拟机迁移动作的判断。以 $B(t) \overset{\text{def}}{=\!=} [a_{ij}(t), u_{kj}(t)]$ 表征马尔可夫决策过程在 t 时刻的状态空间。以 $D(t) \overset{\text{def}}{=\!=} \{d_{j,kk'}(t) | j \in N; k, k' \in Q\}$ 表征虚拟机在 t 时刻的动作空间，其中 $d_{j,kk'}(t)$ 代表 VM_j 从 host_k 迁移到 $\text{host}_{k'}$ 的动作。t 时刻 VM_j 在所有物理机上执行转移的可能性概率定义为

$$P(t) \overset{\text{def}}{=\!=} \{p_{j,kk'}(t) | j \in N; k, k' \in Q\} \sum_{k,k' \in Q} p_{j,kk'}(t) = 1 \tag{2-7}$$

其中，$p_{j,kk'}(t)$ 为 t 时刻 VM_j 从 host_k 迁移到 $\text{host}_{k'}$ 的可能性概率。

针对虚拟机 VM_j 的总转移花费定义为

$$f_j(t) = \sum_{k,k' \in Q} C_{k,k'} p_{j,kk'}(t) \tag{2-8}$$

其中，$C_{k,k'}$ 代表 VM_j 从 host_k 迁移到 $\text{host}_{k'}$ 的花费。

根据以上分析得到 VM_j 在 t 时刻的一个马尔可夫决策过程 $\{B(t), D(t), P(t), f_j(t)\}$。经过多个循环过程的时刻性马尔可夫决策过程分析，可以形成一个执行策略，用以预测下一步的虚拟机转移操作。另外，引入贝尔曼优化方程求解马尔可夫决策过程。因此，改进状态值函数为

$$V_t^{\pi}(b(t)) = \sum_{d_{j,kk'}(t) \in D(t)} \pi(kk')$$
$$\times \sum_{k,k' \in Q} p_{j,kk'}(t) \cdot [\alpha R(d_{j,kk'}(t)) + (1-\alpha)V_{t-1}^{\pi}(b(t-1))] \tag{2-9}$$

其中，$R(d_{j,kk'}(t))$ 为在 t 时刻执行迁移动作 $d_{j,kk'}(t)$ 的反馈值；α 为学习因子；$b(t-1)$ 为 VM_j 在 $t-1$ 时刻所在的物理机位置；$\pi(kk')$ 为 t 时刻依照马尔可夫决策过程生成策略 π 的执行动作，即虚拟机从 host_k 迁移到 $\text{host}_{k'}$。相应地，改进动作值函数为

$$P_t^{\pi}(b(t), d_{j,kk'}(t))$$
$$= \sum_{k,k' \in Q} p_{j,kk'}(t) \cdot [\alpha R(d_{j,kk'}(t)) + (1-\alpha)V_{t-1}^{\pi}(b(t-1))] \tag{2-10}$$

随后，利用值迭代方法求解最终策略 π，具体步骤见算法 2-2。

算法 2-2　虚拟机迁移策略管理算法

1:　输入：$\{B(t), D(t), P(t), f_j(t)\}$、$\alpha$、$\theta$；

2:　　输出：π ;

3:　　　　$\forall b(t) \in B(t), V(b(t)) = 0$;

4:　**for** $t = 1, 2, 3, \cdots$ **do**

5:　　　$\forall b(t) \in B(t), \forall \mathrm{VM}_j \in \left\langle \mathrm{VM}_j \right\rangle : V'(b(t))$

$$= \max_{d_{kk'(t)}} \sum_{b(t) \in B(t)} p_{j,kk'}(t) \cdot \left[\alpha R(d_{j,kk'}(t)) + (1-\alpha) V_{t-1}^{\pi}(b(t-1)) \right];$$

6:　　　**if** $\max_{b(t) \in B(t)} \left| V(b(t)) - V'(b(t)) \right| < \theta$ **then**

7:　　　　　Break ;

8:　　　**else**

9:　　　　　$V = V'$;

10:　　**end**

11:　**end for**

12:　输出 $\pi = \arg \max_{b(t) \in B(t)} P^{\pi}(b(t), d_{kk'})$.

算法 2-2 首先利用值迭代算法以及历史数据信息进行最大返回补偿值的计算，经过多次循环之后得到误差值小于 θ 的近似最优值迭代步骤；利用式(2-10)完成对应迭代步骤的策略生成。当策略生成之后，就可以根据策略执行虚拟机迁移工作。另外，在策略执行过程中，该算法会以更新历史数据信息的方式进行策略 π 的更新，从而提高框架以及算法执行的实时性。

2.3.4　联合服务调度

联合服务调度模型是以共享模型为基础，实现视频类请求与文本类请求的联合并行处理。图 2-2 为共享模型图示，虚拟机为高配虚拟机组。视频类请求可以看成传输密集型任务(v-task)，文本类请求可以看成计算密集型任务(f-task)，这两类请求以一定的比例共享服务器虚拟机中的带宽资源与 CPU 资源。由于传输密集型任务(v-task)与计算密集型任务(f-task)可以在一定时间与空间上交替或按一定比例共享使用虚拟机的带宽与 CPU 资源，本节利用共享模型进行这两类服务请求

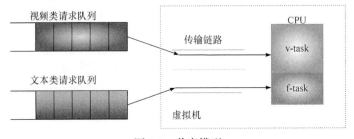

图 2-2　共享模型

的联合调度。对于普通请求队列来讲，不能判断其请求类型也就不能了解其后续处理所需要的资源量，因此本节单独将普通请求分离出来进行对应处理。在处理过程中，普通虚拟机可以通过动态的资源弹性管理来实现普通请求的处理，而不会影响到其他的服务请求。

由图 2-2 可以看出，高配虚拟机组只接收视频类请求与文本类请求。在虚拟机工作过程中会出现以下情况：①视频类请求队列与文本类请求队列不为空时，虚拟机会各取一个服务请求进行处理；②视频类请求队列为空，文本类请求队列不为空时，虚拟机会取两个文本类请求进行处理；③视频类请求队列不为空，文本类请求队列为空时，虚拟机一次只执行一个视频类请求。以上的工作情况分类是将时延考虑在内的。这是因为按比例的资源共享可以实现提高资源利用率的目的，但是共享机制必然会在一定程度上影响时延。因此在联合调度模型中，分三种情况进行处理是为了避免在保证时延而进行资源动态调配过程中影响其他请求的处理。

2.3.5　框架量化与算法

本节从理论的角度出发进行整体的模型流程描述。首先，用式(2-11)和式(2-12)来量化单个虚拟机的资源需求：

$$C_{kj}^q(t) = C_{\text{bas}}^q + \delta^q \cdot \Delta t \cdot u_{kj}^q(t) \tag{2-11}$$

$$g_{kj}^q(t) = C_{kj}^q(t) + C_{\text{sca}}^q(t) \tag{2-12}$$

其中，$t \in \{1, 2, \cdots, T_j\}$，$T_j$ 为虚拟机 VM_j 的整体执行时间；$q = (\text{cpu}, \text{bw})$，其中 cpu 代表 CPU 资源，bw 代表带宽资源；C_{bas}^q 是创建一个普通的虚拟机所需要的关于 q 集合资源的花费；δ^q 是 q 集合资源经过一个时间间隔 Δt 所耗的花费；$u_{kj}^q(t)$ 代表第 t 个时间间隔 Δt 关于 VM_j 的 CPU 以及带宽的利用率，例如，$u_{kj}^{\text{cpu}}(t)$ 代表第 t 个时间间隔 Δt 关于 VM_j 的 CPU 利用率，$u_{kj}^{\text{bw}}(t)$ 代表第 t 个时间间隔 Δt 关于 VM_j 的带宽资源利用率；$g_{kj}^q(t)$ 是单个虚拟机的资源需求；$C_{kj}^q(t)$ 是在 VM_j 运行的情况下关于 q 集合资源的普通花费；$C_{\text{sca}}^q(t)$ 是完成一种自学习分类算法需要的关于 q 集合资源的花费。

随后，利用式(2-13)来计算物理机 host_k 上所有虚拟机在各自执行过程的普通租用花费：

$$g_{\text{total}} = \sum_{j=1}^{N}\sum_{t=0}^{T_j} g_{kj}^q(t) \tag{2-13}$$

根据以上分析得出最终优化函数：

$$G = g_{\text{total}} + \sum_{j=1}^{N}\sum_{t=1}^{T_j} f_j^\pi(t) \tag{2-14}$$

其中，$f_j^\pi(t)$ 为虚拟机依照策略 π 执行虚拟机迁移的花费。以上为框架应用量化描述，随后给出框架运行过程中的资源管理算法。

算法 2-3　资源管理算法

1：初始化：创建基本的虚拟机队列；

2：输入：task_i；

3：调用 SCA 对作业 task_i 进行分类；//SCA 为算法 2-1

4：将作业 task_i 放入对应的作业队列当中；

5：主函数 **main**

6：**while**(系统正在工作且在 Δt 的开始时间点)**do**

7：　　监视每一个活动虚拟机在第 s 个时间间隔 Δt 的资源利用率 $u_{kj}^{bw}(s)$、$u_{kj}^{cpu}(s)$．

8：　　横向扩展算法；//见算法 2-4

9：　　纵向扩展算法；//见算法 2-5

10：**end while**

11：**while**(持续地有作业 task_i 到来) **do**

12：　　调用 $\text{SCA}(\text{task}_i)$；//算法 2-1

13：　　　　**while**　(有不为空的作业队列) **do**

14：　　　　　　利用共享策略进行视频类作业以及文本类作业的组合调度，然后交付给合适的高配虚拟机组；

15：　　　　　　利用空间共享模式执行普通类作业；

16：　　　　**end while**

17：**end while**

算法 2-4 是算法 2-3 的子算法，主要是执行虚拟机内部的资源扩展操作。当第 s 个时间间隔开始时执行判断，如果利用率 $u_{kj}^{cpu}(s)$ 或者 $u_{kj}^{bw}(s)$ 大于对应的 CPU 或者带宽的最大利用率设置，则执行对应资源的扩展操作。执行完毕后，将资源削减到正常的虚拟机状态。具体算法步骤如下。

算法 2-4　横向扩展算法

1：**if**($u_{kj}^{cpu}(s) > \text{up}_{cpu}$ 且 host_k 有足够的 CPU 资源)

　　增加虚拟机 VM_j 的 CPU 资源；

2：**end if**

3：**if** ($u_{kj}^{bw}(s) > $ up$_{bw}$ 且 host$_k$ 有足够的带宽资源)

4：　　增加虚拟机 VM$_j$ 的带宽资源；

5：**end if**

6：**if**(虚拟机 VM$_j$ 空闲了一段时间)

7：　　减少增加的各项资源；

8：**end if**

算法 2-5 也是算法 2-3 的一个调度子算法，主要执行虚拟机的创建与销毁操作。具体操作如下。

算法 2-5　纵向扩展算法

1：**if**(现有的虚拟机忙碌且作业到达率大于作业完成率)

2：　　创建虚拟机；

3：　**else**

4：　　撤销虚拟机；

5：**end if**

2.4　实验与分析

为了验证本章所提框架以及内部算法的优越性，将 SRAF 与 Symbiosis[2]框架对比，另外为了验证虚拟机迁移算法的优越性，将迁移算法加入 Symbiosis 框架形成"Symbiosis + vm-mi"(SVM)框架进行联合对比。实验中的服务请求到达率服从泊松分布。首先为了验证本框架的可用性以及处理能力，实验将服务请求到达的泊松分布设置为 $\lambda = 8$。以平缓的服务请求到达率验证其实用性。通过 SRAF、Symbiosis 以及 SVM 的对比来验证本框架以及框架实施目标的性能，如服务请求丢弃率、资源利用率、花费及吞吐量。通过三个框架的相互对比来证实本框架提出的自学习分类算法、虚拟机迁移算法以及资源管理算法的良好性能。所有框架的实现都是利用 CloudSim[3]作为实验平台进行系统级框架搭建。实验中服务请求以及到达先后的相关数据(eu-2015.urls.gz)来自意大利的网络算法实验室。

2.4.1　实验环境与参数

虚拟机分类以及执行花费信息如表 2-1 所示。

表 2-1　不同类别虚拟机执行花费

虚拟机 类型	CPU			带宽		
	MIPS /(MB/s)	执行单价 /(美元/h)	扩展单价 /(美元/h)	带宽 /(MB/s)	执行单价 /(美元/h)	扩展单价 /(美元/h)
高配 虚拟机	1000	0.05	0.06	100	0.005	0.006
普通 虚拟机	600	0.03	0.04	60	0.003	0.004

注：MIPS(million instructions per second)：衡量 CPU 速度的指标，即每秒处理百万级的机器语言指令数。

2.4.2　实验结果分析

为了验证框架中自学习分类算法、虚拟机迁移算法的性能，将服务请求到达率设置为服从泊松分布，并且使 $\lambda = 8$。$\lambda = 8$ 可以使服务请求以较平稳的方式到达云端，避免发生因服务请求瞬时到达率过高而产生服务拥塞。在实验中，最大限度营造理想化环境，充分展示框架以及各算法的应用性能。另外，在实验中加入截止时间这一影响因素，将用户服务满意度纳入框架性能分析当中。

图 2-3 是在面对不同截止时间的情况下，SRAF 与 Symbiosis 处理相同服务请求时不同处理状态对比图。服务请求在处理过程中存在三种状态，"成功"代表服务请求被成功响应处理；"失败"代表服务请求在处理过程中超过对应的截止时间而没有被及时响应，即被丢弃且判别为失败请求；"扩展"代表服务请求被成功响应处理，但是在处理过程中虚拟机资源不足并且请求了额外的资源。图 2-4 展示的是 SRAF 与 Symbiosis 在面对不同截止时间处理相同服务请求的 CPU 及带宽资

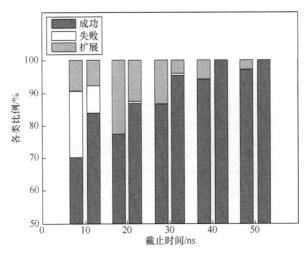

图 2-3　处理相同服务请求时不同处理状态对比图(左为 Symbiosis，右为 SRAF)

源利用率对比图。"SRAF CPU"与"Symbiosis CPU"分别代表 SRAF 和 Symbiosis 的 CPU 利用率;"SRAF BW"和"Symbiosis BW"分别代表 SRAF 和 Symbiosis 的带宽资源利用率。在图 2-3 中,随着截止时间的增加,许多扩展请求以及失败请求变为成功处理的请求。相应地,服务请求在虚拟机等待队列里边的时间总体上有所延长。因此,在图 2-4 中,各框架对应的 CPU 以及带宽资源利用率均随着截止时间的增加而总体呈下降趋势。

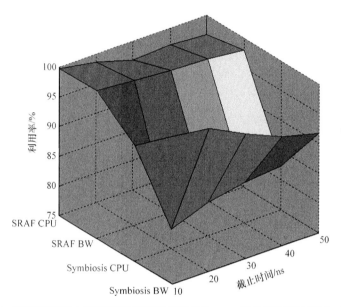

图 2-4　面对不同截止时间处理相同服务请求的 CPU 及带宽资源利用率对比图

在图 2-3 中,当截止时间为 20ns 和 30ns 时,SRAF 存在少许失败请求,但是 Symbiosis 却没有失败请求。当截止时间为 40ns 和 50ns 时,所有的请求都在 SRAF 的作用下成功被响应处理,但是框架 Symbiosis 却还有一些扩展请求。对比所有截止时间下的服务请求处理状态,SRAF 所有服务请求的处理成功率均高于 Symbiosis。出现 20~50ns 的特殊情况存在以下两个原因。①自学习分类算法经过越多的训练会表现出越高的分类准确率,就会提高在共享模型中视频类请求与文本类请求的结合准确度,相应地就会减少排队等待时间以及服务与请求资源不匹配情况的发生(在相同截止时间情况下)。因此出现图 2-3 中截止时间为 10~50ns 的情况,即 SRAF 成功的请求远多于 Symbiosis 的成功请求数量。②共享模型在实现请求的并行处理过程中,虽然目的是减少 CPU 与带宽的空闲时间,但是还是会因为资源的共享而造成请求执行时间的增加。因此,虽然从总体上来看,共享模型减少了总体的排队等待时间,但是面对较长作业的情况,还是会产生失败的请求处理,如图 2-3 中截止时间为 20ns 和 30ns 的情况。另外,在图 2-4 中,框架

Symbiosis 的资源利用率随着截止时间的增加呈现明显的下降趋势。但是 SRAF 的资源利用率虽然略有下降，却一直维持在 97%左右。造成这一对比现象的原因是随着截止时间的增加，有部分长作业占据 CPU 而使得带宽资源处于一个空闲的状态。因为带宽资源与 CPU 资源是共同工作状态，当长作业占据 CPU 而带宽的作业传输已经完成时，带宽资源就会处于空闲状态。最后导致带宽资源的利用率下降。随后作业处理完之后 CPU 又需要等待请求的传入，相应的 CPU 利用率有所下降。

为了验证算法 2-2 中虚拟机迁移策略的性能，将虚拟机迁移算法以及基本的资源扩展算法加入框架 Symbiosis 中形成 SVM 框架。额外执行时间代表虚拟机执行迁移以及扩展操作的执行时间。额外花费代表虚拟机执行迁移以及扩展操作的资源花费。图 2-5 与图 2-6 分别进行各框架总执行时间和额外执行时间以及总花费和额外花费的对比。首先对图 2-5 与图 2-6 中的框架 Symbiosis 与 SVM 进行对比分析。根据两图中的结果，可以看出在面对不同的截止时间时，SVM 比 Symbiosis 具备更好的性能。无论是在花费还是在执行时间上都少于 Symbiosis。换句话说，在面对相同服务请求以及截止时间的同时，虚拟机转移策略表现出良好的节约时间、减少花费的性能。将 SRAF 与 SVM、Symbiosis 进行对比分析发现，在面对相同服务请求以及截止时间时，SRAF 无论是执行时间还是花费都要远少于其他两个框架。随着截止时间的增加，各框架在总执行时间以及总花费上

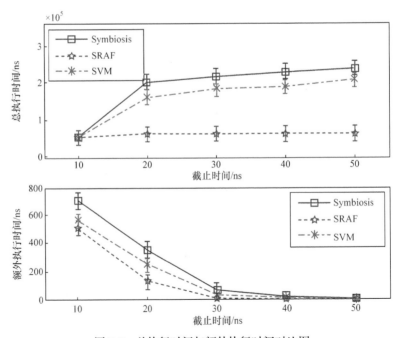

图 2-5　总执行时间与额外执行时间对比图

均呈现上升趋势。造成这一现象的主要原因是，随着截止时间的增加，各框架具有更多的时间来处理排队的服务请求，如图 2-3 和图 2-4 所示。多数失败或者扩展的服务请求被响应处理且各资源利用率降低，因此各框架的服务时间以及服务花费呈现上升趋势。然而，SRAF 的增长只是在小范围内变化，且保持一个平稳的状态。特别是当截止时间为 40ns 时，SRAF 已经没有扩展操作，并且在总花费以及总执行时间上约是框架 Symbiosis 的 1/4。通过以上分析可以看出，在面对相同服务请求以及截止时间的同时，SRAF 具备较高的吞吐能力以及资源利用率，并且在花费上远低于 SVM 和 Symbiosis。

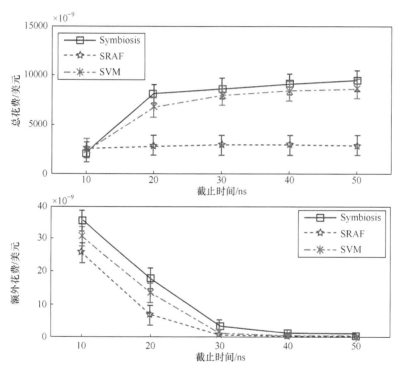

图 2-6　总花费与额外花费对比图

为了验证 SRAF 的鲁棒性，新建实验分组，使请求的到达服从不同 λ 值的泊松分布，即 λ 为 1～10。在实验过程中，对总资源量不做限制，即提供足够的资源。另外，为了使虚拟机迁移策略与资源管理算法不冲突，限制资源管理算法中资源的扩展量不能超过虚拟机基本资源量的 2 倍。面对不同的 λ 取值，实验将分别在带宽资源利用率、CPU 利用率以及总花费上进行不同框架的对比分析。图 2-7 为各框架带宽资源利用率对比图。在图中，随着 λ 取值的增大，各框架带宽资源利用率呈上升趋势。出现这种现象的原因有两方面。①由于请求到达率服从泊松分布，在服务请求总量不变的情况下，请求到达的情况会因为泊松分布的性质随

着 λ 的增大从短时间内大量涌入慢慢地均匀地来到云端。因此，随着 λ 的增大服务请求会均匀来到云端，服务请求的队列等待时间也会慢慢变短，成功响应的服务请求会增多，带宽的资源利用率也就慢慢增大。②如果服务请求的截止时间超过传输时间，服务请求将被丢弃而变成失败的请求。框架系统不会计算失败请求对带宽的占用时间，换而言之，失败的服务请求所占用的带宽资源会被定义为资源浪费，即闲置资源。因此随着 λ 的增大，成功处理的服务请求变多，对应的带宽资源纳入计算，带宽资源利用率慢慢增大。对比图 2-7 中的各框架信息，可以看出本 SRAF 的带宽资源利用率一直高于 SVM 以及 Symbiosis，并且随着 λ 的增大，SRAF 的带宽资源利用率的增长幅度高于 SVM 和 Symbiosis，SVM 和 Symbiosis 的带宽资源利用率基本处于同等的水平线上。

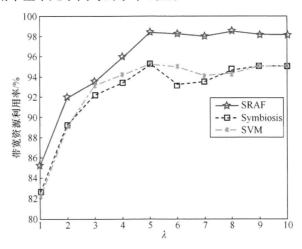

图 2-7　面对不同 λ 取值各框架带宽资源利用率对比图

在图 2-8 中，CPU 利用率与图 2-7 中带宽资源利用率一样，随着 λ 的增大，成功被处理的服务请求增多促使 CPU 利用率增大。但是与图 2-7 不同的是，当 λ 的取值为 1、2、4 时，SRAF 的 CPU 利用率远高于 SVM 和 Symbiosis。换句话说，面对短时间内大量涌入的服务请求，SRAF 具备良好的吞吐处理能力，成功被响应处理的服务请求数量与扩展处理的服务请求数量之和远远多于 SVM 以及 Symbiosis。另外，SVM 的 CPU 利用率也高于 Symbiosis，此现象表明 SVM 所具有的虚拟机迁移能力也可以在一定程度上应对突然的服务请求涌入情况，并且可以在一定程度上缓解服务请求处理时间超过截止时间的情况，使得一些失败的服务请求变为成功的请求或者扩展的请求。当 λ 取值为 5～10 时，SVM 和 Symbiosis 的 CPU 利用率基本处于相等的状态。换而言之，虚拟机迁移算法具备应对大量服务请求涌入的过载处理能力。对比 SRAF 与 SVM，SRAF 在 CPU 处理阶段使用了共享模型。面对绝大多数不同的 λ 值，SRAF 的 CPU 利用率一直高于 SVM。

因此，可以得出一个结论，在虚拟机迁移算法具备良好吞吐量应用的同时，本章所提出的共享模型也可以有效地提高 CPU 利用率，减少 CPU 资源闲置。

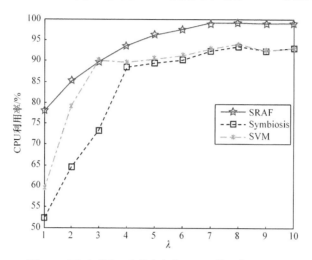

图 2-8　面对不同 λ 取值各框架 CPU 利用率对比图

图 2-9 为 SRAF、Symbiosis 和 SVM 在不同 λ 取值情况下总花费对比图。与图 2-7 和图 2-8 不同的是，随着 λ 取值的增大，框架 SVM 与 Symbiosis 的总花费呈上升趋势；但是 SRAF 却呈现下降趋势。导致这一现象出现的原因有两个。①SRAF 较高的带宽及 CPU 利用率使得在处理相同数量服务请求的情况下，SRAF 会耗费较少的时间。相应地，SRAF 总的资源花费情况也会低于其他两个框架。②虚拟机迁移不仅可以提高框架的吞吐量，还可以通过虚拟机迁移应用来减少虚拟机内部资源的扩展操作以及虚拟机开关机操作。虚拟机扩展操作频繁应用的减

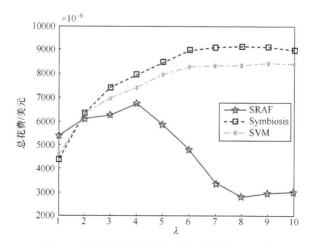

图 2-9　面对不同 λ 取值各框架总花费对比图

少就在一定程度上减少了总花费。因为合适的虚拟机迁移不仅能缓解虚拟机的频繁扩展操作情况，还可以减少物理机因少量资源被占据而一直处于开机的情况下所造成的基本资源的浪费。综合对图 2-7、图 2-8 及图 2-9 的分析可知，SRAF 具备较高的 CPU 和带宽资源利用率，可以减少服务时延，并且在框架的稳定性以及吞吐量方面具备良好的性能。

2.5　本章小结

随着网络中终端设备接入量的增加，服务请求的种类变得繁杂多样，构建安全、可信的云服务平台是用户服务可信提供的重要保证。本章提出一种基于服务感知的资源分配框架，该框架利用分类算法对服务请求进行分类，弱化繁多的服务种类对云端服务处理的影响。随后，利用共享模型和系统调度算法实现对云端资源的管理。利用不同服务请求对资源需求量的不同来调整各资源的占用时间，实现资源的接替性无缝交接，减少资源的闲置时间，达到提高资源利用率的目的。

参 考 文 献

[1] Gass S I, Fu M C. Encyclopedia of Operations Research and Management Science[M]. Boston: Springer, 2013.

[2] Li X H, Li K, Pang X D, et al. An orchestration based cloud auto-healing service framework[C]// IEEE International Conference on Edge Computing, Honolulu, 2017: 190-193.

[3] Shibata N, Watanabe M, Tanabe Y. A current-sensed high-speed and low-power first-in-first-out memory using a wordline/bitline-swapped dual-port SRAM cell[J]. IEEE Journal of Solid-State Circuits, 2002, 37(6): 735-750.

第3章 基于李雅普诺夫漂移的虚拟机优化调度策略

3.1 引 言

为了实现虚拟机资源的优化调度，本章引入约束性随机调度模型进行虚拟机资源的管理。根据虚拟机资源的有限性来对应模型的约束性限制，用云端服务请求的随机性到达来模拟、映射对应虚拟机资源的随机性调度。本章提出一种随机调度策略对虚拟机资源进行调度管理。此外，为了验证随机调度的实用性，本章引入李雅普诺夫漂移优化理论对调度策略中相关算法进行收敛性分析。

本章研究的重点在于实现资源随机调度的同时如何保证资源管理的动态性与实时性。针对这个问题，提出一种实时随机资源调度框架(real-time stochastic resource scheduling framework，R-SRSF)。该框架将资源调度分为虚拟机基本配置方案管理与虚拟机开关机管理两个方面。在虚拟机基本配置方案管理当中，利用动态的马尔可夫决策过程进行配置方案与服务请求的关联性模拟。经过大量历史数据的训练，此马尔可夫决策过程可以根据服务请求到达率的信息提前进行基本配置方案的调整。另外，本章提出一种策略转移管理算法(strategy transformation management algorithm，STMA)进行具体配置方案的转换管理。在虚拟机开关机管理方面，同样引入一个动态的马尔可夫决策过程模拟虚拟机开关机操作与服务请求到达率的关系，并设计出一个策略变换漂移加补偿算法(scheme-changed drift-plus-penalty algorithm，SDPPA)进行最少虚拟机开机数量的优化，随后提出一个随机动态策略调整算法(stochastic dynamic policy adjustment algorithm，SDPAA)辅助策略变换漂移加补偿算法进行虚拟机开关机操作。

3.2 系 统 模 型

3.2.1 实时随机资源调度框架

R-SRSF 结构如图 3-1 所示，图中展示了服务请求到达云端后的整体处理过程。该框架主要分为调度集群、服务集群、监督器和资源池四个部分。

调度集群是云端处理的开始，主要负责服务的接收以及分发。集群含有众多调度虚拟机，调度虚拟机完成整个服务请求的接收以及分配。调度虚拟机接收到

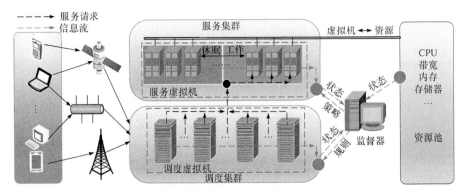

图 3-1　R-SRSF 结构

服务请求后会根据监督器传输过来的分配规则将服务请求分配给服务集群中的服务虚拟机。

　　服务集群主要接收来自调度集群的服务请求，随后由各服务虚拟机负责服务请求的处理工作。服务虚拟机有活动和休眠两种状态。只有活动的服务虚拟机可以进行服务请求的接收及处理。相应的调度服务器也会感知服务虚拟机的状态，然后将服务请求分配给活动的服务虚拟机。除去服务请求的处理工作，服务集群会根据监督器传过来的策略进行服务虚拟机基本配置资源以及服务虚拟机开关机的调整。

　　资源池主要负责为云端各类虚拟机提供各项资源。资源池包含所有的云端资源池，如 CPU 资源池、带宽资源池、内存资源池、存储器资源池等。

　　监督器主要负责监督以上三个组件的各项状态。监督器会根据资源池的资源情况以及调度集群中的服务请求到达率来调整服务集群中的策略，从而实现服务集群中服务虚拟机基本配置方案的调整以及虚拟机的开关机管理。监督器根据服务集群中各服务虚拟机的请求处理情况来调整调度虚拟机的调度规则，使服务请求有选择地分配到处理效率较快、请求等待队列较短的虚拟机中进行处理。

3.2.2　马尔可夫策略变换

　　为了实现不同的优化目标，许多研究者设计不同的策略或者算法进行服务请求的调度及处理[1-4]。然而，随着云网络的发展，服务请求的种类越来越繁多，这就造成静态、单一的云端服务策略或者算法无法为各服务请求分配合适的虚拟机进行服务提供，随之而来的服务延迟、资源浪费等问题就会影响云端服务的整体性能。为了应对这一问题，引入动态的马尔可夫决策过程对整体的服务请求以及虚拟机的基本配置方案进行关联性模拟，以期望达到总体的需求与服务平衡。另外，训练后的马尔可夫决策过程所产出的策略可以在一定程度上实现资源的预先调度。

以下对基本配置方案的管理进行数学描述，假设有 K 个基本资源配置方案，定义为 $\mathcal{K} \overset{\text{def}}{=} \{1, 2, \cdots, k, \cdots, K\}$。在方案 k 执行过程中，虚拟机的工作时间 t 为连续的时间间隔，如 $t \in \{1, 2, \cdots\}$；并且假设方案 k 从开始执行到结束的时间间隔为 T_k。另外，假设服务集群中有 N 个服务处理器虚拟机，定义为 $M \overset{\text{def}}{=} \{1, 2, \cdots, m, \cdots, N\}$。服务处理器虚拟机有活动和休眠两种状态。只有活动的虚拟机才具有接收请求以及后续处理能力。当虚拟机配置方案变换时，所有的虚拟机都会进行基本配置变换。定义 $S(t) = \{s_m(t); m \in M\}$ 为虚拟机 m 在 t 时间间隔的状态集合。定义 $a_m(t)$、$f_m(t)$、$q_m(t)$ 分别为虚拟机 m 在 t 时间间隔的服务请求到达数量、单个服务器的处理能力以及虚拟机等待队列长度。定义 $U(t) = \{u_m(t); m \in M\}$ 为所有虚拟机的 CPU 利用率集合，$u_m(t)$ 为虚拟机 m 在第 t 个时间间隔的 CPU 利用率。定义 $A(t) = \{a_m(t); m \in M\}$ 为所有服务集群中所有虚拟机的请求到达率集合。定义 $d_m(t) = a_m(t) - f_m(t)$ 为虚拟机 m 在第 t 时间间隔未处理的请求数量。当不规定虚拟机的等待队列长度时，队列的动态变化为

$$q_m(t+1) = \max\{q_m(t) + d_m(t), 0\} \tag{3-1}$$

当将等待队列长度设置为 b 时，队列的动态变化为

$$q_m(t+1) = \min\{q_m(t) + d_m(t) - b, b\} \tag{3-2}$$

另外，假设 $A_{k',k}$ 为方案 k' 到方案 k 的转移事件，定义为 $A_{k',k} \overset{\text{def}}{=} f_A(Q(t), b)$。其中 $Q(t) = \{q_m(t); m \in M\}$ 为所有服务处理虚拟机的等待队列集合，b 为虚拟机等待队列长度设置，这两个元素共同影响策略转移事件。定义 $\mathcal{A} = \{A_{k',k}; k', k \in \mathcal{K}\}$ 为所有的事件转移集合。将 $\mathcal{K}$ 看成一个状态空间，将 $\mathcal{A}$ 看成一个动作空间，就得到一个马尔可夫过程 $\{\mathcal{K}, \mathcal{A}\}$，其中的概率元素以及补偿值由算法 3-1 控制。此马尔可夫过程主要进行虚拟机基本配置方案的管理，并且由策略转移管理算法(算法 3-1)来进行动态控制与生成。

算法 3-1 策略转移管理算法

输入：配置策略集合 $\mathcal{K}$、虚拟机等待处理队列长度 b、最低 CPU 利用率 u^{low}、最高 CPU 利用率 u^{up}、等待时延 delay；

输出：配置策略集合 $\mathcal{K}$、转移事件集合 $\mathcal{A}$、对应策略的虚拟机处理能力集合 $\mathcal{F}$、决策过程最终生成策略 Γ；

1：初始化 $\mathcal{K}$，形成多个处理能力相近的配置策略，并选取最小配置策略为开端；

2：依照泊松分布来进行请求任务发送；

3：　调度服务器依照均匀分布来进行请求分配；

4：　监视器开始在每个时间间隔 t 的结束时刻监视并获取所有虚拟机的 $u_m(t)$、$q_m(t)$ 和最长等待队列时间 $ld_m(t)$；

5：　**if** ($\sum\limits_{m=1}^{N} E[u_m(t)] > u^{up}$ 或 $\sum\limits_{m=1}^{N} E[q_m(t)] > b$)//所有虚拟机中存在利用率高于最高利用率设置或者请求排队长度大于 b.

6：　　　变换虚拟机配置方案 k' 为 k，丢弃策略 k'，并且返回执行步骤 2；

7：　**end if**

8：**while** (当 $\sum\limits_{m=1}^{N} E[q_m(t)]$ 在多个相邻时间间隔大幅度波动)**do**

9：　　**while** ($\sum\limits_{m=1}^{N} E[u_m(t)] < u^{up}$ 且 $\sum\limits_{m=1}^{N} E[u_m(t)] > u^{low}$)**do**

10：　　　**if** ($\sum\limits_{m=1}^{N} E[ld_m] > delay$)

11：　　　　增加策略 k 的资源，提高单个虚拟机的服务能力 F_k；

12：　　　**end if**

13：　　　**if** ($\sum\limits_{m=1}^{N} E[u_m(t)] < u^{low}$)

14：　　　　break；

15：　　　**end if**

16：　　**end while**

17：　　**if** (当 $\sum\limits_{m=1}^{N} E[q_m(t)]$ 在多个相邻时间间隔大幅度波动)

18：　　　添加活动服务器；

19：　　　**continue**；

20：　　**end if**

21：　　**if** (当 $\sum\limits_{m=1}^{N} E[q_m(t)]$ 在多个相邻时间间隔小范围波动)

22：　　　更新策略 k 与 $\mathcal{K}$；

23：　　　记录 F_k 到集合 $\mathcal{F}$；

24：　　　记录 $A_{k',k}$ 到 $\mathcal{A}$；

25：　　　记录 $\Gamma_{k',k}$ 到 Γ；

26：　　**end if**

27：**end while**

28：输出 $\mathcal{K}$ 、$\mathcal{A}$ 、$\mathcal{F}$ 、Γ .

算法 3-1 主要目的是进行马尔可夫决策过程的状态空间 $\mathcal{K}$ 、动作空间 $\mathcal{A}$ 、生成策略 Γ 以及每一个配置虚拟机配置方案对应的单个虚拟机处理能力的集合 $\mathcal{F}$ 的生成与更新。其中，定义为 $F=\{F_k;k\in\mathcal{K}\}$，$F_k$ 为状态空间 $\mathcal{K}$ 中虚拟机配置方案 k 对应的单个虚拟机处理能力，即单位时间间隔的请求处理量。$\Gamma_{k',k}$ 表示马尔可夫决策过程生成策略 Γ 中虚拟机资源配置方案 k' 到 k 的转换。当算法 3-1 完成时，Γ 在下一阶段改变之前是固定的，框架 R-SRSF 根据 Γ 以及虚拟机的各项状态进行策略性的虚拟机配置方案变换。

3.3 随机调度策略

3.3.1 目标模型构建

本节的目的是实现框架 R-SRSF 具体性能目标的应用。我们从减少延迟、降低能耗、降低服务请求丢弃率三个方面进行分析。为了简明表述，用以下数学描述：

$$\bar{y}_M \overset{\text{def}}{=} \limsup_{t\to\infty}\frac{1}{t}\sum_{\tau=0}^{t-1}E\left[\sum_{m=1}^{N}y_m(\tau)\right] \tag{3-3}$$

$$\bar{Q}_M \overset{\text{def}}{=} \limsup_{t\to\infty}\frac{1}{t}\sum_{\tau=0}^{t-1}E\left[\sum_{m=1}^{N}q_m(\tau)\right] \tag{3-4}$$

$$\bar{D}_M \overset{\text{def}}{=} \limsup_{t\to\infty}\frac{1}{t}\sum_{\tau=0}^{t-1}E\left[\sum_{m=1}^{N}d_m(\tau)\right] \tag{3-5}$$

在式(3-3)中，$y_m(\tau)\overset{\text{def}}{=}f_y(a_m(t),u_m(t))$ 代表额外花费，即虚拟机基本配置方案的转换以及虚拟机的开关机变化所产生的花费受到请求到达率 $a_m(t)$ 和 CPU 利用率 $u_m(t)$ 的影响。式(3-4)代表虚拟机等待队列的长期变化。式(3-5)代表未及时处理请求的丢弃程度，其受到请求到达率 $a_m(t)$ 和单个虚拟机服务能力 F_k 的影响。

定义 $\bar{\omega}(t)\overset{\text{def}}{=}\{\langle a_m(t),u_m(t)\rangle;m\in M\}$ 为一个监督事件，主要是收集 n 个虚拟机在第 t 个时间间隔的请求到达率 $a_m(t)$ 的信息以及资源利用率 $u_m(t)$ 的信息。如果 $\bar{\omega}(t)$ 是一个状态空间，$\mathcal{B}_{\bar{\omega}(t),Q(t)}$ 是动作空间，p 服从随机概率分布，$\text{Rw}=\{-1,1\}$ 是补偿值集合，得到一个马尔可夫决策过程 $\{\bar{\omega}(t),\mathcal{B}_{\bar{\omega}(t),Q(t)},p,\text{Rw}\}$。补偿值 $\text{Rw}=\{-1,1\}$ 在动作执行之后 $t+1$ 时刻的负载均衡优于 t 时刻取 $\text{Rw}=1$，否则相反。另外，$B(t)\in\mathcal{B}_{\bar{\omega}(t),Q(t)}$ 代表在第 t 个时间间隔虚拟机的动作，动作分为两种：活动

或者休眠。活动指虚拟机可以接收处理服务请求。休眠指虚拟机不接收处理服务请求。利用此马尔可夫决策过程生成最优的策略控制方案实现虚拟机的开关机管理。根据以上的分析，可以将本章的资源调度问题形式化为一个优化问题：

$$\text{minimize} \quad \overline{y}_M \tag{3-6}$$

$$\text{subject to} \quad y_m(t) \leqslant \overline{y}_M, \quad \forall m \in M, \forall t \in T \tag{3-7}$$

$$B(t) \in \mathcal{B}_{\overline{\omega}(t),Q(t)} \forall t \in T \tag{3-8}$$

$$\overline{Q}_M \leqslant 0, \quad \overline{D}_M \leqslant 0 \tag{3-9}$$

其中，$T = \{1, 2, \cdots, T_k; k \in \mathcal{K}\}$。

3.3.2 李雅普诺夫漂移优化

本节应用李雅普诺夫漂移以及李雅普诺夫优化[5]来解决式(3-6)~式(3-8)所提出的优化问题[6-10]。定义 $X(t) = \{X_l(t); l \in \mathcal{L}\}$ 为第 t 个时间间隔所有虚拟机的虚拟队列集合。其中 $X_l(t)$ 是虚拟机 l 在第 t 个时间间隔时的队列长度，$\mathcal{L}$ 为所有虚拟机 l 的集合。当不设置虚拟机等待队列长度时，$X_l(t)$ 等同于式(3-1)中的 $q_m(t)$。

$$X_l(t+1) = \max\{X_l(t) + d_m(t), 0\} \quad \forall l \in \{1, 2, \cdots, L\} \tag{3-10}$$

其中，$L \leqslant N$。如果将 $X(t)$ 看成所有虚拟机队列 $X_l(t)$ 在第 t 个时间间隔的向量，将 $Q(t)$ 看成所有虚拟机时间队列的向量，可以定义 $\Theta(t)$ 作为一个统一的向量来进行整体的虚拟机队列管理，如式(3-11)所示：

$$\Theta(t) \stackrel{\text{def}}{=} [X(t), Q(t)] \tag{3-11}$$

在虚拟机基本配置方案开始时刻，所有虚拟机的实际队列以及虚拟队列均为空，即 $\Theta(0) = 0$（0 代表零向量）。根据文献[5]中关于李雅普诺夫优化理论的应用，定义一个二次方程将所有虚拟机的实际队列以及虚拟队列相结合，因此就可以将不同队列的问题归结为一个统一的目标，如式(3-12)所示：

$$\mathcal{L}(t) \stackrel{\text{def}}{=} \frac{1}{2} \sum_{l=1}^{L} X_l^2(t) + \frac{1}{2} \sum_{m=1}^{N} q_m^2(t) \tag{3-12}$$

定义 t_r 为基本配置方案 k 执行的开始时刻且 $t_r \leqslant T_k$。另外定义

$$\Delta(t_r) \stackrel{\text{def}}{=} \mathcal{L}(t_r + T_k) - \mathcal{L}(t_r) \tag{3-13}$$

作为整个策略 k 执行时间内的消耗，并且 $\Delta(t_r)$ 的条件期望依赖于总队列向量 $\Theta(t_r)$。

引理 3-1 任意虚拟机控制策略，在基本虚拟机配置方案 k 执行过程中选取对应的虚拟机控制动作 $B(\tau) \in \mathcal{B}_{\overline{\omega}(\tau),Q(\tau)}$，其中 $\tau \in \{t_r, \cdots, t_r + T_k + 1\}$。在综合向量 $\Theta(t_r)$

的条件下，得到

$$E[\Delta(t_r)\,|\,\Theta(t_r)] \leqslant \phi + E[G(t_r)\,|\,\Theta(t_r)] \tag{3-14}$$

其中

$$\phi = \frac{a^2 L(2 - p(A_{k',k}))}{2p(A_{k',k})^2} - \frac{b^2 N}{2p(A_{k',k})} \tag{3-15}$$

$$G(t_r) = \sum_{l=1}^{L} X_l(t_r) \sum_{\tau=t_r}^{t_r+T_k-1} d_m(\tau) \tag{3-16}$$

证明　对于任意的 $\tau \in \{t_r,\cdots,t_r+T_k+1\}$，利用式(3-10)以及 $\max[x,0] \leqslant x$，得到

$$\begin{aligned} X_l(\tau+1)^2 &\leqslant (X_l(\tau)+d_m(\tau))^2 \\ &= (X_l(\tau))^2 + (d_m(\tau))^2 + 2X_l(\tau)d_m(\tau) \\ &= (X_l(\tau))^2 + (d_m(\tau))^2 + 2X_l(t_r)d_m(\tau) \\ &\quad + 2[X_l(\tau) - X_l(t_r)]d_m(\tau) \end{aligned} \tag{3-17}$$

在任意可行的控制策略运行过程中，虚拟机所具备的资源服务能力一般满足或略大于服务请求的需求量以保证策略的正常运行。因此，假设存在一个正整数 α 使得 $|d_m(t)| \leqslant \alpha$，结合式(3-17)得到

$$X_l(\tau+1)^2 - X_l(\tau) \leqslant \alpha^2 + 2X_l(t_r)d_m(\tau) + 2\alpha^2(\tau - t_r) \tag{3-18}$$

根据式(3-18)求和所有的 $\tau \in \{t_r,\cdots,t_r+T_k+1\}$ 之后整体除以 2 得到

$$\begin{aligned} X_l(t_r+T_k)^2 - X_l(t_r) &\leqslant \frac{T_k\alpha^2 + \alpha^2 T_k(T_k-1)}{2} + X_l(t_r)\sum_{\tau=t_r}^{t_r+T_k-1} d_m(\tau) \\ &= \frac{\alpha^2 T_k^2}{2} + X_l(t_r)\sum_{\tau=t_r}^{t_r+T_k-1} d_m(\tau) \end{aligned} \tag{3-19}$$

其中，式(3-19)的最后一个不等式是依据式(3-20)得到的：

$$\sum_{\tau=t_r}^{t_r+T_k-1}(\tau - t_r) = \frac{T_k(T_k-1)}{2} \tag{3-20}$$

同理，根据式(3-2)得到

$$0 \leqslant q_m(\tau) \leqslant b, \quad 0 \leqslant q_m(\tau+1) \leqslant b \tag{3-21}$$

对于任意 $m \in M$，得到

$$\frac{q_m(t_r+T_k)^2 - q_m(t_r)^2}{2} \leqslant \frac{T_k b^2}{2} \tag{3-22}$$

根据式(3-19)求和所有的 $l \in \{1,2,\cdots,L\}$，根据式(3-22)求和所有的 $m \in \{1,2,\cdots,N\}$。

然后再求和这两个结果得到

$$\sum_{l=1}^{L}\frac{X_l(t_r+T_k)^2-X_l(t_r)}{2}+\sum_{m=1}^{N}\frac{q_m(t_r+T_k)^2-q_m(t_r)^2}{2}$$

$$\leqslant \frac{\alpha^2 T_k^2 L}{2}+\frac{T_k b^2 N}{2}+\sum_{l=1}^{L}X_l(t_r)\sum_{\tau=t_r}^{t_r+T_k-1}d_m(\tau) \tag{3-23}$$

由式(3-12)和式(3-13),式(3-23)变为

$$\Delta(t_r)\leqslant \frac{\alpha^2 T_k^2 L}{2}+\frac{T_k b^2 N}{2}+\sum_{l=1}^{L}X_l(t_r)\sum_{\tau=t_r}^{t_r+T_k-1}d_m(\tau) \tag{3-24}$$

另外,由于T_k是服从概率为$p(A_{k',k})$独立同分布的几何随机变量,得到$E[T_k]=1/p(A_{k',k})$,其二阶矩为$(2-p(A_{k',k}))/(p(A_{k',k}))^2$。根据以上阐述对式(3-24)取条件期望得到引理3-1的结论。

由引理3-1的结论,可以通过控制变化量$E[G(t_r)|\Theta(t_r)]$来控制整个T_k时间段的虚拟机队列变化,进而实现框架运行的稳定性。随后加入额外花费形成综合优化目标,即最小化"漂移加补偿":

$$E\left[G(t_r)+V\sum_{\tau=t_r}^{t_r+T_k-1}y_m(\tau)|\Theta(t_r)\right] \tag{3-25}$$

其中,V为相对于稳定性来讲额外花费的加权操作。

算法 3-2 策略变换漂移加补偿算法

1: 初始化:$\Theta(t_r)=0$,在策略变换后开始时刻,$t_r=t_0=0$;

2: 在任意的策略变换时,$r\in\{0,1,2,\cdots\}$,监督器将在执行期间实时地监视$\overline{\omega}(t)$,并且利用虚拟机控制策略进行动作$B(t)\in\mathcal{B}_{\overline{\omega}(t),Q(t)}$的选择与执行,以实现最小化"漂移加补偿":

$$E\left[G(t_r)+V\sum_{\tau=t_r}^{t_r+T_k-1}y_m(\tau)|\Theta(t_r)\right]$$

3: 在策略执行过程中,实时地更新,控制虚拟队列以及实际队列的变化,当策略变化后,返回步骤1.

算法3-2主要进行整体的虚拟机开关机策略的理论性阐述。算法在进行虚拟机基本配置方案变换(算法3-1)后进行虚拟机开关机策略的管理。通过综合目标,即"漂移加补偿"的最小优化实现整体框架中虚拟机等待队列的稳定性以及最小化花费的权衡性应用。另外,算法3-2为理论性阐述,随后将此优化问题进一步

归结为一个加权随机最短路径问题进行实际求解[5,11]。

3.3.3 性能分析

本节主要对算法 3-2 中的最终目标"漂移加补偿"进行性能分析，并且通过数学论证其收敛性能。根据文献[5]中的相似性结论，假设存在一个控制策略 $\pi_{(C,\delta)}$ 可以实现基于 (C,δ) 的近似最优控制，得到结论：

$$E\left[G(t_r)+V\sum_{\tau=t_r}^{t_r+T_k-1}y_m(\tau)\,|\,\Theta(t_r)\right]$$

$$\leqslant C+\delta\sum_{l=1}^{L}X_l(t_r)+V\delta+E\left[G^*(t_r)+V\sum_{\tau=t_r}^{t_r+T_k-1}y_m^*(\tau)\,|\,\Theta(t_r)\right] \quad (3\text{-}26)$$

其中，$C\geqslant 0$，$\delta\geqslant 0$，$G^*(t_r)$ 与 $y_m^*(\tau)$ 代表其他控制策略中的 $G(t_r)$ 和 $y_m(\tau)$。

假设 3-1 假设在最优策略 π^* 的控制下，存在 $\varepsilon>0$ 与 d_m 满足不等式：

$$\frac{E\left[\sum_{\tau=t_r}^{t_r+T_k-1}d_m(\tau)\right]}{1/\,p(A_{k',k})}\leqslant -\varepsilon \quad (3\text{-}27)$$

此假设主要依据"ε-slackness"假设[5]以及标准的"slater-type"假设[12]。

定理 3-1 假定假设 3-1 在 $\varepsilon>0$ 的情况下成立，并且 $C\geqslant 0$，$\delta\geqslant 0$，$V\geqslant 0$ 都是在控制策略 $\pi_{(C,\delta)}$ 影响下的可行性常量，如果 $\varepsilon>\delta p(A_{k',k})$，约束条件(3-7)~(3-9)成立。因此，对于所有的正整数 R，平均队列长度满足

$$\frac{1}{R}\sum_{r=0}^{R-1}\sum_{l=1}^{L}E[X_l(t_r)]\leqslant\frac{\phi+C+V(2\alpha\gamma\,/\,p(A_{k',k})+\delta)}{(\delta-\varepsilon\,/\,p(A_{k',k}))} \quad (3\text{-}28)$$

时间平均花费满足

$$\limsup_{t\to\infty}\frac{1}{t}E\left[\sum_{\tau=0}^{t-1}y_m(\tau)\right]\leqslant\frac{\phi+C}{V}+\frac{\delta y^{\mathrm{opt}}}{\varepsilon}+\delta \quad (3\text{-}29)$$

证明 t_r 为策略 k 的开始时刻，根据式(3-14)和式(3-26)得到

$$E\left[\Delta(t_r)+V\sum_{\tau=t_r}^{t_r+T_k-1}y_m(\tau)\,|\,\Theta(t_r)\right]$$

$$\leqslant\phi+E\left[G(t_r)+V\sum_{\tau=t_r}^{t_r+T_k-1}y_m(\tau)\,|\,\Theta(t_r)\right]$$

$$\leqslant\phi+E\left[G^*(t_r)+V\sum_{\tau=t_r}^{t_r+T_k-1}y_m^*(\tau)\,|\,\Theta(t_r)\right]+C+V\delta+\delta\sum_{l=1}^{L}X_l(t_r) \quad (3\text{-}30)$$

另外，由于花费 $y_m(t)$ 依赖于 $d_m(t)$，在基本配置方案 k 固定的情况下 F_k 是常

量。可以假设 $y_m(t)$ 与 $d_m(t)$ 存在近似的线性关系 $y_m(t)=\gamma d_m(t)$。例如，框架系统在工作过程中，由于控制策略 $\pi_{(C,\delta)}$ 的存在，系统呈现稳定的接收处理工作状态。框架中服务集群将依据 $\pi_{(C,\delta)}$ 开启 $g=d_m(t)\cdot P_{\text{le}}/F_k$ 个服务虚拟机。其中 P_{le} 为单个服务请求包的长度。进而 $y_m(t)=\text{cost}\cdot g$，其中 cost 为单个虚拟机活动花费。随后利用 $\left|y_m^*(\tau)-y_m(\tau)\right|\leqslant 2\alpha\gamma$ 和 $E[T_k]=1/p(A_{k',k})$，式(3-30)变为

$$E[\Delta(t_r)\,|\,\Theta(t_r)]\leqslant\phi+C+\frac{2\alpha\gamma V}{p(A_{k',k})}+V\delta+E[G^*(t_r)\,|\,\Theta(t_r)]+\delta\sum_{l=1}^{L}X_l(t_r)\quad(3\text{-}31)$$

假设控制策略 $\pi_{(C,\delta)}$ 达到最优控制策略 π^*，所有控制策略中的变量就会变成固定变量。相应的 $\Delta(t_r)$ 在 π^* 的控制下将独立于 $\Theta(t_r)$。因此，结合式(3-16)和式(3-27)得到

$$E\left[G^*(t_r)\,|\,\Theta(t_r)\right]\leqslant\frac{-\varepsilon}{p(A_{k',k})}\sum_{l=1}^{L}X_l(t_r)\qquad(3\text{-}32)$$

将式(3-32)代入式(3-31)得到

$$E[\Delta(t_r)\,|\,\Theta(t_r)]\leqslant\phi+C+\frac{2\alpha\gamma V}{p(A_{k',k})}+V\delta+\left(\delta-\frac{\varepsilon}{p(A_{k',k})}\right)\sum_{l=1}^{L}X_l(t_r)\qquad(3\text{-}33)$$

对式(3-33)取期望并代入式(3-13)得到

$$E[\mathcal{L}(t_r+1)-\mathcal{L}(t_r)]\leqslant\phi+C+\frac{2\alpha\gamma V}{p(A_{k',k})}+V\delta+\left(\delta-\frac{\varepsilon}{p(A_{k',k})}\right)\sum_{l=1}^{L}X_l(t_r)\quad(3\text{-}34)$$

假设 $R\gg1$，根据式(3-34)对所有的 $r=\{1,2,\cdots,R-1\}$ 取和，然后除以 R，令 $E[\mathcal{L}(t_0)]=0$ 得到

$$\frac{E[\mathcal{L}(t_R)]}{R}\leqslant\phi+C+V\left(\frac{2\alpha\gamma}{p(A_{k',k})}+\delta\right)+\left(\frac{\delta-\varepsilon/p(A_{k',k})}{R}\right)\sum_{r=0}^{R-1}E\left[\sum_{l=1}^{L}X_l(t_r)\right]\qquad(3\text{-}35)$$

最后，令 $E[\mathcal{L}(t_R)]\geqslant0$ 得到结论公式(3-28)。

假设控制策略 $\pi_{(C,\delta)}$ 达到最优控制策略 π^* 的概率为 $\psi\overset{\text{def}}{=}\delta p(A_{k',k})/\varepsilon(\varepsilon>\delta p(A_{k',k}))$。因此，得到

$$E\left[\sum_{\tau=t_r}^{t_r+T_k-1}y_m^*(\tau)\,|\,\Theta(t_r)\right]\leqslant\frac{\psi y_m^{\text{opt}}}{p(A_{k',k})}\qquad(3\text{-}36)$$

其中，假设

$$\frac{E\left[\sum_{\tau=t_r}^{t_r+T_k-1} y_m(\tau)\right]}{1/p(A_{k',k})} = y_m^{\text{opt}} \tag{3-37}$$

是任意虚拟机在最后控制策略 π^* 应用下的额外花费。根据式(3-27)对 $d_m(\tau)$ 进行关于 $\tau \in \{t_r, \cdots, t_r+T_k-1\}$ 的求和，得到

$$E\left[\sum_{\tau=t_r}^{t_r+T_k-1} d_m^*(\tau) \mid \Theta(t_r)\right] \leqslant \frac{-\psi\varepsilon}{p(A_{k',k})} = -\delta \tag{3-38}$$

将式(3-36)与式(3-38)代入式(3-30)得到

$$E\left[\Delta(t_r) + V\sum_{\tau=t_r}^{t_r+T_k-1} y_m(\tau) \mid \Theta(t_r)\right] \leqslant \phi + C + V\left(\frac{\psi y_m^{\text{opt}}}{p(A_{k',k})} + \delta\right) \tag{3-39}$$

随后对式(3-39)去期望并且根据式(3-13)得到

$$E[L(t_r+1)] - E[L(t_r)] + VE\left[\sum_{\tau=t_r}^{t_r+T_k-1} y_m(\tau)\right] \leqslant \phi + C + V\left(\frac{\psi y_m^{\text{opt}}}{p(A_{k',k})} + \delta\right) \tag{3-40}$$

以式(3-40)对所有的 $t_r \in \{0, 1, \cdots, R-1\}$ 以及 τ 服从 t_r 进行求和，除以 R，并且令 $E[L(t_R)] \geqslant 0$ 得到

$$\frac{1}{R}E\left[\sum_{\tau=0}^{R-1} y_m(\tau)\right] \leqslant \frac{\phi + C}{V} + \frac{\psi y_m^{\text{opt}}}{p(A_{k',k})} + \delta \tag{3-41}$$

利用 $\psi \stackrel{\text{def}}{=} \delta p(A_{k',k})/\varepsilon$ 并且令 $R \to \infty$ 得到

$$\limsup_{R \to \infty} \frac{1}{R}E\left[\sum_{\tau=0}^{R-1} y_m(\tau)\right] \leqslant \frac{\phi + C}{V} + \frac{\delta y^{\text{opt}}}{\varepsilon} + \delta \tag{3-42}$$

最后，令 $t \leqslant R$，由式(3-42)得到式(3-29)。由此，定理 3-1 得证。

3.3.4 近似随机最短路径问题

在算法 3-2 中，最小化"漂移加补偿"的过程可被认为是一个随机最短路径问题，通过每一个动作 $B(t)$ 的选择实现最小化应用。因此，针对最小化"漂移加补偿"问题，依据动态规划理论[12]提出随机动态规划算法进行实际的算法操作。首先，假设 $\bar{\omega}(t)$ 与 $\mathcal{B}_{\bar{\omega}(t),Q(t)}$ 是有限的。$A(t)$、$U(t)$ 在框架监督器的检测下是可知的。另外，定义 $\hat{y}_m(t) \stackrel{\text{def}}{=} \lceil \bar{\omega}(t), \mathcal{B}_{\bar{\omega}(t),Q(t)} \rceil$ 为关于 $\bar{\omega}(t)$ 与 $\mathcal{B}_{\bar{\omega}(t),Q(t)}$ 的花费事件。在框架执行过程中，控制策略任意下一步动作都促使 $\hat{y}_m(t+1) \geqslant \hat{y}_m(t)$。另外，在虚拟

机基本配置方案策略 Γ 的应用下，式(3-16)中的 $G(t_r) \geqslant 0$。因此，可以得到"漂移加补偿"是单调非减函数。根据以上分析，引入半监督序列学习算法进行最优 $B(t)$ 的选择：

$$B(t) = \underset{B(t) \in \mathcal{B}_{\bar{\omega}(t), Q(t)}}{\arg\min} \hat{y}\left(\bar{\omega}(t), \mathcal{B}_{\bar{\omega}(t), Q(t)}\right) \tag{3-43}$$

具体执行过程见算法 3-3。

算法 3-3　随机动态策略调整算法

1：初始化策略 π^*，$\mathrm{pe} = 0$；

2：利用监督器实时监测 $A(t)$、$U(t)$、$Q(t)$；

3：计算 $\dfrac{\partial\left(\mathrm{e}^{-n\lambda} \prod\limits_{\tau=0}^{t_r} \lambda A(\tau) / A(\tau)!\right)}{\partial \lambda} = 0$ 得到 λ；

4：利用 λ 计算 $A(t_r + 1)$ 与 $E\left[\sum\limits_{m=1}^{N} F_k u_m(t)\right]$；

5：选取 $B(t_r + 1) = \underset{B(t_r+1) \in \mathcal{B}_{\bar{\omega}(t+1), Q(t+1)}}{\arg\min} \hat{y}\left(\bar{\omega}(t), \mathcal{B}_{\bar{\omega}(t), Q(t)}\right)$；

6：计算 $q(t_r + 1) = q(t_r) + \left\lceil \dfrac{1}{2}\min\left\{l, \dfrac{N}{2}\right\} \right\rceil$；

7：根据 $A(t_r + 1)$ 与 $U(t_r + 1)$ 调整活动虚拟机数量并记录此时刻过载虚拟机数量；

8：**if**（π^* 中没有匹配策略动作）

9：　　添加条目 $(B(t_r + 1), q(t_r + 1))$ 到 π^* 并使 $\mathrm{pe} = 0$；

10：　**else**

11：　　　**if**（$\mathrm{pe} = 1$ 且策略 π^* 中的动作形成循环）

12：　　　　break；

13：　　　**else**

14：　　　　使 $\mathrm{pe} = 1$，转到步骤 2；

15：　　　**end if**

16：**end if**

在算法 3-3 中，由于网络中部分移动终端用户的随机性，利用监督器实时监测 $A(t)$、$U(t)$ 和 $Q(t)$。随后利用最大似然估计来衡量 $A(t)$ 的变化，用以预测下一时刻的请求到达率，即通过一定时间范围的 $A(t)$ 数据进行泊松分布的 λ 求解，并

记录下一时刻预测值。随后根据 $U(t)$、$Q(t)$ 以及 F_k 来判断虚拟机的开关机操作以及数量。$q(t_r)$ 根据上一时刻的队列长度以及产生虚拟机队列的数量进行对比，进而调整开关机数量，使得所有的虚拟机等待队列不会溢出，达到提高稳定性、降低服务请求丢弃率的目的。随后根据相应的 $A(t)$ 以及 $U(t)$ 来对比产出对应的开关机动作和数量对应条目（$B(t_r+1)$，$q(t_r+1)$），形成短时间内的控制策略 π^*。经过不断的循环执行达到近似最优的控制策略，实现"漂移加补偿"最小化。

3.4　实验与分析

3.4.1　实验环境与参数

实验通过在 CloudSim[13]平台建立 R-SRSF 并且与 Symbiosis[14]框架进行相应的对比实验。实验数据集(eu-2015.urls.gz)来自意大利的网络算法实验室。在实验过程中，以泊松分布的方式进行服务请求的发布管理。另外，首先根据历史数据信息进行算法 3-1 的训练，随后选择出三个具有代表性的虚拟机基本配置方案，命名为 scheme1、scheme2 和 scheme3。这三个虚拟机基本配置方案组成一个方案组 $\mathcal{K} = \{scheme1, scheme2, scheme3\}$，其中配置方案所代表的虚拟机服务能力呈递增趋势，scheme1<scheme2<scheme3。为了对比验证虚拟机开关机策略的性能，将 Symbiosis 分别与这三个基本配置方案相结合形成"Symbiosis+scheme1"（SS1），"Symbiosis+scheme2"（SS2），"Symbiosis+scheme3"（SS3）。随后根据各项对比实验证明框架以及相应算法的性能。在对比过程中，首先对所提出算法的性能进行对比实验，验证框架运行过程中各算法的可行性以及收敛性。另外，根据各算法、策略的变化来验证服务质量的性能。在实验中，将服务请求丢弃率作为衡量标准来进行云端服务质量的分析。随后，对所有的框架 R-SRSF、SS1、SS2、SS3 进行实验对比。实验从 CPU 利用率、服务请求丢弃率以及总花费三个方面进行整体的框架性能衡量。另外，可以根据四个框架不同的结果对比，分析虚拟机基本配置方案策略和虚拟机开关机管理策略的性能。最后，通过总体的综合对比来验证本框架各算法、策略联合应用的性能。

3.4.2　实验结果分析

在图 3-2 中，每一次迭代表明对所选取的历史数据进行了一轮实验。总花费包含服务花费以及额外花费。服务花费表明对于所有的服务请求进行一轮操作处理所占用的资源花费。额外花费指虚拟机基本配置方案进行变换和虚拟机开关机变化所产生的花费。在实验当中，为了验证框架 R-SRSF 的性能，首先选择请求到达率适中的数据进行实验，即 $\lambda = 8$。实验利用多次数据的循环迭代结果来分析框架及其算法的性能。从图 3-2 中可以看出，框架 R-SRSF 的总花费在迭代刚开始过程中剧烈波动。然而，在第 143 次迭代后，总花费收敛于一个常量。换句话说，基本配置方案 $\mathcal{K}$、方案控制策略 $\varGamma$ 和虚拟机开关机策略 π^* 在服务请求到达率服从 $\lambda = 8$ 时，经过 143 次迭代形成适应性的固定应用。图 3-2 中总花费折线图的稳定过程展现了框架 R-SRSF 执行过程中的动态调节能力。图 3-3 展示了在每一个迭代过程中对应的服务请求丢弃率。

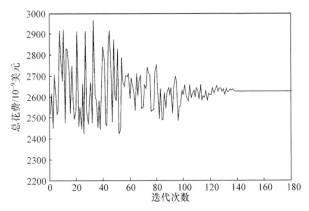

图 3-2　框架 R-SRSF 的收敛性能分析

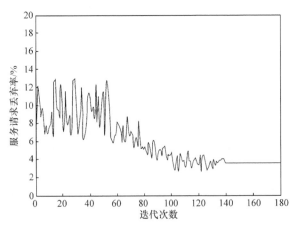

图 3-3　相应迭代过程中的服务请求丢弃率

综合图 3-2 与图 3-3 来看，总花费与服务请求丢弃率在最初的 1～58 次迭代之间由于框架各算法的初始化应用，显现出剧烈的抖动。在第 58 次迭代之后，总花费以及丢弃率总体呈现下降趋势，并且在较小的范围内波动。换而言之，$\mathcal{K}$、$\varGamma$ 和 π^* 在经过 58 次迭代之后开始呈现稳定状态。然而，经过 100 次迭代之后，总花费以及服务请求丢弃率更加趋于稳定状态。最后，经过 138 次的迭代，服务请求丢弃率趋于 0.037。对两个稳定范围，即 1～58 和 58～138 进行对比，在框架 R-SRSF 运行过程中，先进行 π^* 和 Γ 的控制，再进行策略 π^* 的控制。相应的 1～58 次迭代过程对应 K 和 Γ 的执行过程，58～138 次迭代过程对应策略 π^* 的调整过程。这两项对比，π^* 调整过程属于虚拟机开关机管理的小范围优化调整。相较于 1～58 次迭代过程，58～138 次迭代过程中的总花费变化以及服务请求丢弃率的变化处于一个较小的范围。正是由于框架的稳定性变化，图 3-3 中的服务请求丢弃率总体处于下降状态。最后，综合图 3-2 与图 3-3 来看，框架 R-SRSF 在经过多次数据迭代之后形成收敛，具备执行可行性，并且具有较低的服务请求丢弃率。

在以下实验中，为了验证框架以及算法对于过载情况的处理，服务请求到达率将随着 λ 的增大而从最初的大量涌入变得慢慢均匀到达。因此，在实验中设置 $\lambda = \{1, 2, \cdots, 10\}$，根据不同的 λ 取值来验证本框架在稳定性、过载处理、CPU 利用率、服务请求丢弃率和总花费方面的良好性能。在实验中，将本框架 R-SRSF 与其他框架 SS1、SS2 和 SS3 进行对比验证本框架算法的实时调整性能。接下来从 CPU 利用率、服务请求丢弃率和总花费三个方面进行各框架的对比，其中图 3-4 是不同框架在不同 λ 情况下的 CPU 利用率对比图。在计算 CPU 利用率时，实验只记录处理成功的服务请求。换而言之，当一个服务请求最终由于各种原因没有完成应答时，该请求所占用的资源会被记录为资源浪费，不会计入实验计算当中，最后导致 CPU 利用率的降低。从图 3-4 可以看出，各框架的 CPU 利用率随着 λ 的增大呈现不同的趋势。其中框架 R-SRSF、SS1 和 SS2 呈现上升趋势，SS3 呈现下降趋势。从图 3-5 可以看出，由于 λ 的不同，服务请求到达率的曲线呈现剧烈波动到慢慢变小、平稳的趋势。结合图 3-4 与图 3-5 来看，SS1 在 λ 取值为 1～5 时，CPU 利用率曲线剧烈波动且呈现上升趋势，服务请求丢弃率呈现下降趋势并且高

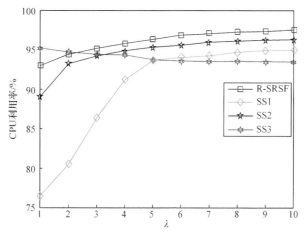

图 3-4　框架 R-SRSF、SS1、SS2、SS3 在不同 λ 下的 CPU 利用率

于其他框架的服务请求丢弃率。此现象说明 SS1 作为虚拟机基本配置方案中单个虚拟机服务能力最小的存在，面对大量涌入的服务请求，许多的服务请求将因为虚拟机服务能力的有限产生大量的排队等待时间。服务请求到达率处于一个较高的水平，接下来就会导致较高的服务请求丢弃率。随着 λ 的增大，服务请求的缓慢到达使得 SS1 可以有充足的时间进行调配与处理。因此，请求丢弃率降低，更多服务请求的资源占用被纳入实验计算，框架对应的 CPU 利用率随之增大。

随后，对比框架 SS1 与 SS2，从图 3-4 与图 3-5 中可以看出，SS2 的 CPU 利用率始终高于 SS1 并且服务请求丢弃率也远低于 SS1。对比说明 SS2 中虚拟机服务能力高于 SS1，可以更好地处理服务请求的涌入问题。在图 3-4 中，当面对较小的 $\lambda=1$ 取值时，SS2 的 CPU 利用率达到 89.3%，而 SS1 的 CPU 利用率只有76.7%。所以说，面对较多待处理的服务请求时，较大的服务处理能力可以缓解这种过载情况。当 $\lambda \geqslant 5$ 时，SS1 与 SS2 的 CPU 利用率升高到基本相同的状态。将 SS3 纳入对比时发现，SS3 的 CPU 利用率与 SS1 和 SS2 不同，其总体呈现下降趋势，并且服务请求丢弃率处于一个较低的状态。此现象说明，在面对相同服务请求到达率的情况下，SS3 的吞吐能力要高于其他框架。特别是当应对大量涌入的服务请求时，SS3 表现出良好的接收与处理性能。然而，SS3 服务能力过大导致在 λ 增大的过程中，其虚拟机的资源服务能力高于服务请求的需求量，相应的 CPU 利用率呈现下降趋势。综合以上分析可以看出，单一、固定的虚拟机或者资源管理方案不能满足复杂的云服务网络请求，会产生资源浪费并导致较低的服务满意度。所以在面对复杂不可控的云服务网络时，建立动态的资源管理方式更符合绿色、高效的云网络发展需求。

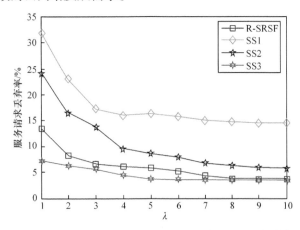

图 3-5　框架 R-SRSF、SS1、SS2、SS3 在不同 λ 下的服务请求丢弃率

本实验框架 R-SRSF 中所提出的 STMA 以及 SDPAA 都是依据马尔可夫决策过程实现动态管理。在图 3-4 中，框架 R-SRSF 的 CPU 利用率一直处于一个较高

的状态并且随着 λ 的增大呈现上升趋势，其最低达到 93.7%，最高达到 97.8%。
对比显示只有 SS2 与 SS3 所表现的性能可以与框架 R-SRSF 进行比较。另外，从
图 3-5 中可以看出，所有框架的服务请求丢弃率将随着 λ 的增大呈现下降趋势。
随着 λ 的增大，服务请求到达率慢慢变小，各框架在处理过程中就会有足够的时
间进行请求处理；虚拟机的总体队列等待时延降低，服务请求丢弃率随之下降。
因此，结合图 3-4 与图 3-5 来看，本实验框架 R-SRSF 具备一定的优越性，可以
同时保证较好的 CPU 利用率以及较低的服务请求丢弃率。另外，图 3-6 展示各框
架对应不同 λ 时的总花费。从图中可以看出，随着 λ 增大，各框架的总花费呈现
上升趋势。结合 CPU 利用率以及服务请求丢弃率来看，随着 λ 的增大，各框架具
备较多的时间进行服务请求的处理，各虚拟机的排队时延也会大幅度减小，服务
请求丢弃率降低。各框架相应地会接收并成功处理更多的服务请求，因此即使
CPU 利用率升高，各框架的总花费还是呈现上升的趋势。然而仔细对比各框架的
总花费情况，本框架 R-SRSF 以及 SS2 一直处于一个相对较低的花费程度。当综
合考虑 CPU 利用率、服务请求丢弃率以及总花费时，本框架 R-SRSF 同时具备较
好的性能。另外，本框架 R-SRSF 在面对不同的 λ 取值时，具备较好的稳定性，
不会有较大的波动。当面对大量涌入的服务请求时也表现出良好的吞吐性能。

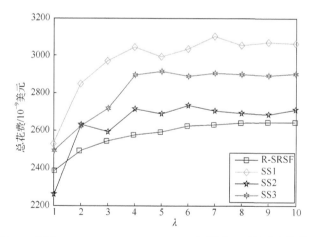

图 3-6　框架 R-SRSF、SS1、SS2、SS3 在不同 λ 下的对应总花费

3.5　本章小结

本章主要对服务请求在随机调度的情况下如何实现可信的云端资源管理进行
研究。本章应用随机调度的目的是减少服务请求的各种处理所造成的时延。利用
随机调度的方式将请求放入虚拟机当中，只将重点放在虚拟机的资源管理上可以
减少一定的请求处理时延。对比第 2 章内容，本章进行底层资源的管理，将虚拟

机的管理分成虚拟机基本配置方案的管理以及虚拟机的开关机管理，并且引入马尔可夫决策过程模型对这两个方面进行相关的算法设计。另外，由于本章将动态性加入马尔可夫决策过程模型当中，其生成策略具备动态调整能力。因此，本章利用李雅普诺夫优化理论对相关算法进行理论分析，验证其可行性。最后实验分析证明本章算法具备良好的性能。

参 考 文 献

[1] Kumar M, Sharma S C. Priority aware longest job first(PALJF) algorithm for utilization of the resource in cloud environment[C]//International Conference on Computing for Sustainable Global Development, New Delhi, 2016: 1-9.

[2] Argon N T, Deng C, Kulkarni V G. Optimal control of a single server in a finite-population queueing network [J]. Queueing Systems, 2017, 85(1): 149-172.

[3] Legros B. M/G/1 queue with event-dependent arrival rates[J]. Queueing Systems, 2018, 89(3): 269-301.

[4] Xue L R, Zhang T L, Zhang W H, et al. Global adaptive stabilization and tracking control for high-order stochastic nonlinear systems with time-varying delays[J]. IEEE Transactions on Automatic Control, 2018, 63(9): 2928-2943.

[5] Neely M J. Stochastic Network Optimization with Application to Communication and Queueing Systems[M]. San Rafael: Morgan & Claypool Publishers, 2010.

[6] Bertsekas D P. Dynamic Programming and Optimal Control[M]. Nashua: Athena Scientific, 2017.

[7] Wang Y, Lopez J A, Sznaier M. Convex optimization approaches to information structured decentralized control [J]. IEEE Transactions on Automatic Control, 2018, 63(10): 3393-3403.

[8] Homer T, Mhaskar P. Output-feedback lyapunov-based predictive control of stochastic nonlinear systems [J]. IEEE Transactions on Automatic Control, 2018, 63(2): 571-577.

[9] Neely M J, Supittayapornpong S. Dynamic markov decision policies for delay constrained wireless scheduling [J]. IEEE Transactions on Automatic Control, 2013, 58(8): 1948-1961.

[10] Bertsekas D P. Nonlinear Programming [M]. New York: Springer, 2013.

[11] Long S Q, Zhao Y L. A toolkit for modeling and simulating cloud data storage: An extension to CloudSim[C]//International Conference on Control Engineering & Communication Technology, Shenyang, 2013: 597-600.

[12] Ballinger B, Hsieh J, Singh A, et al. DeepHeart: Semi-supervised sequence learning for cardiovascular risk prediction [J]. AAAI Conference on Artificial Intelligence, 2018, arXiv: 1802.02511.

[13] Shibata N, Watanabe M, Tanabe Y. A current-sensed high-speed and low-power first-in-first-out memory using a wordline/bitline-swapped dual-port SRAM cell[J]. IEEE Journal of Solid-State Circuits, 2002, 37(6): 735-750.

[14] Li X H, Li K, Pang X D, et al. An orchestration based cloud auto-healing service framework[C]// IEEE International Conference on Edge Computing, Honolulu, 2017: 190-193.

第4章　边缘云环境中基于多核用户设备的计算资源调度策略

在任务卸载中，动态电压频率缩放(dynamic voltage and frequency scaling，DVFS)技术主要用于降低处理器处理频率以达到降低能耗的目的。随着处理器技术的飞速发展，目前出现了装备有多个不同频率的多内核处理器，这将逐步取代传统的 DVFS 技术，以实现节能处理任务的目的。安谋国际科技股份有限公司(ARM 公司)推出的 big.LITTLE 架构处理器是一种异构多内核架构处理器，该处理器装备了多个具有不同频率的处理内核，频率较高的内核处理能力要强于处理频率低的内核，处理频率低的内核功耗要低于处理频率高的内核。面对新的处理器架构，有必要考虑如何基于新的处理器架构实现高效节能任务卸载。本章旨在基于 big.LITTLE 架构处理器实现高效节能任务卸载。

4.1　引　　言

云计算中，用户设备将产生的待处理任务卸载到中心云，中心云将接收到的任务处理完毕后，通过网络将处理结果返回到用户端。然而，接入互联网的设备数量呈爆炸式增长，对传统的云计算模式造成了一些影响。例如，网络时延波动增大，有效带宽减小，传输成本增加，数据安全和隐私问题更加突出。面对这些问题，边缘云计算应运而生，边缘云计算是指用户设备将产生的待处理任务通过任务源附近的边缘云或用户设备自身进行处理。通过边缘云处理任务可以显著地减少传输延迟(相比中心云而言)，为用户设备提供更加及时的计算服务。近年来，物联网、智能家居、自动驾驶、电子健康等新式应用不断涌现。与传统应用相比，新应用对时延的要求更加苛刻，在数据量方面也达到了新的高度。如果将延迟敏感高的任务通过中心云处理，由于传输时延较长，将无法得到较佳的处理结果。同时，由于用户设备物理体积的限制，其计算能力和电量均受到了限制，无法很好地处理计算密集型的任务。复杂的应用程序在资源受限的用户设备上进行处理，这在本质上就形成了一个挑战。

在边缘云计算中，如何实现高效节能任务处理是一个非常重要的研究课题。在相关研究中，有一些研究是基于单核处理器。在这些研究中，用户设备首先确定待处理任务是通过设备自身处理还是通过云进行处理。如果任务通过设备自身进行处理,用户设备需要进一步根据待处理任务的数据量大小、时延要求等因素,利用 DVFS 技术对处理器频率进行调整,以达到最佳的处理频率,进而达到降低能耗的目的。通过 DFVS 技术对处理器频率进行调整,这在本质上就形成了对搭载有不同频率的多内核处理器的新需求。另外,随着处理器技术的巨大进步。ARM公司推出的 big.LITTLE 架构处理器、ORACLE 推出的 M7、AMD 推出的 APU 都为处理器提供了新的架构。本章考虑在边缘云环境中,如何基于 big.LITTLE 架构处理器实现高效节能的任务处理。

将如何基于 big.LITTLE 架构处理器实现高效节能任务处理的问题分为两个子问题:任务卸载决策问题和内核调度问题。针对这两个子问题,分别提出面向多用户的任务卸载(multi-user task offloading,MUTO)算法和多核用户设备内核调度算法,并将两个算法进行结合,提出面向多用户的计算资源调度(multi-user computing resource scheduling,MUCRS)算法。

4.2 系 统 模 型

本节分别介绍场景模型、本地计算模型、通信模型、边缘云计算模型,并形式化本章中需要优化的优化问题。

4.2.1 场景模型

在本章所假设的边缘云计算系统中,包含 N 台用户设备,每台用户设备 n 均搭载了 ARM 公司推出的 big.LITTLE 架构的多内核处理器。集合 $\mathcal{N}=\{1,2,\cdots,N\}$ 和 $\mathcal{K}=\{1,2,\cdots,K\}$ 分别表示多个用户设备和用户设备上多核处理器中的多个处理内核。在每个用户设备的周围,有多个可以利用的边缘云,集合 $\mathcal{E}=\{1,2,\cdots,E\}$ 表示环境中的多个边缘云。用户设备 n 生成的任务可以通过设备自身的多个内核进行处理,也可以通过网络卸载到环境中的边缘云上进行处理。

如图 4-1 所示,图中所假设的边缘云计算系统中,分布着 6 个用户设备,7个边缘云。用户设备可以通过无线接入点接入到用户设备附近的边缘云或者通过基站接入到距离用户设备较远的边缘云。在图 4-1 中,用户设备 1 是一台配备了5 个处理内核的台式计算机,用户设备 4 是配备了 4 个处理内核的便携式机算机,用户设备 6 是配备了具有 3 个处理内核的平板机算机。当用户设备 1 处理某个任务时,可以利用 big.LITTLE 处理器的特点,根据任务的时延要求,将任务分配给恰当的内核进行处理,或者通过无线接入点将任务卸载到附近的边缘云进行处理,也可以通过基站传输到距离用户设备较远的边缘云进行处理。

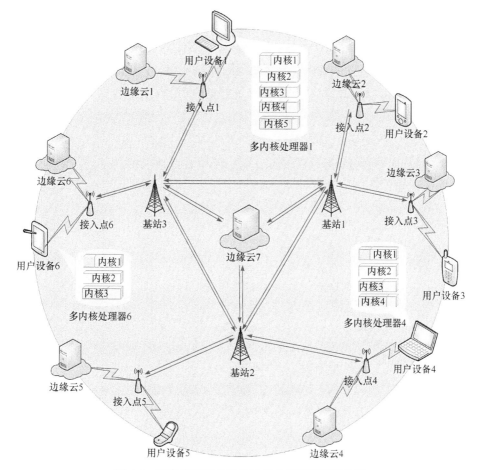

图 4-1　面向多核用户设备的任务卸载系统架构图

　　针对用户设备生成的任务，将其通过设备自身进行处理还是通过边缘云进行处理是本章要解决的问题。在解决该问题时，要充分考虑网络传输延迟、边缘云计算延迟、任务数据量大小、用户设备中多个内核的计算能力等因素，并综合利用这些因素来确定任务卸载的具体位置。

4.2.2　本地计算模型

　　本地计算是指待处理任务通过用户设备自身的处理器进行处理。在这种情景下，需考虑用户设备自身的资源消耗。f_k^l 表示多内核处理器上第 k 个内核的处理频率。$\eta_k(0 \leqslant \eta_k \leqslant 1)$ 表示第 k 个内核的计算资源可用率，即实际可用的处理频率。本章中，假设 CPU 使用时间片轮转机制来处理任务，因此，当 CPU 处理一个任务时，可用率 η_k 为 1，当 CPU 处理两个任务时，CPU 对每个任务将分别花费一半的时间进行处理，所以可用率 η_k 为 0.5，显然，可用率 η_k 与处理的任务数成反比，第 k 个内核的实际可用频率为 $\eta_k f_k^l$。三元组 $\langle D_n, L_n, T_n \rangle$ 表示用户设备 n 生成的任务，其中 D_n 表示待处理任务的数据量大小(bit)，L_n 表示完成任务所需的 CPU 总周期数，T_n 表示任务所能接受的最高时延[1,2]。因此，用户设备 n 通过设备本身第 k 个内核处理任务 $\langle D_n, L_n, T_n \rangle$ 所消耗的时间可以表示为

$$T_{n,k}^{\text{exe}} = \frac{L_n}{h_k f_k^l} \tag{4-1}$$

类似地，用户设备 n 通过设备本身第 k 个内核处理任务 $\langle D_n, L_n, T_n \rangle$ 所消耗的能量可以表示为

$$E_{n,k}^{\text{exe}} = p_k^l T_{n,k}^{\text{exe}} \tag{4-2}$$

其中，p_k^l 是处理器中第 k 个处理内核的运行功率。

由于用户设备自身处理能力有限，针对计算密集型任务将不能很好地进行处理。如果将计算密集型任务通过用户设备自身进行处理，将无法得到较佳的处理结果。面对此情况，用户设备通过网络将任务卸载到附近的边缘云进行处理将是不错的选择。

4.2.3　通信模型

通信模型中，假设通信链路是对称信道，在任务卸载过程中，信道状态保持不变。本章中的网络接入点可以是 Wi-Fi 接入点、蜂窝网络接入点或宏蜂窝基站。任务卸载过程中的传输时延分为两部分：第一部分为用户设备将任务卸载到网络接入点；第二部分为任务从网络接入点传输到附近的边缘云，由于网络接入点到边缘云之间距离较短，其传输时间较短，该阶段所消耗的时间忽略不计。将任务传输到网络接入点的上传率采用香农公式进行建模：

$$r_n^{\text{send}} = W \log_2 \left(1 + \frac{p_n h_n}{\omega_n} \right) \tag{4-3}$$

其中，W 表示信道带宽；p_n 表示用户设备 n 将任务传输到一个网络接入点的传输功率；h_n 表示信道信号增益；ω_n 表示信道噪声功率，并采用高斯白噪声来对信道噪声进行建模[3,4]。用户设备 n 将任务 $\langle D_n, L_n, T_n \rangle$ 传输到网络接入点的时间消耗可以表示为

$$T_n^{\text{send}} = \frac{D_n}{r_n^{\text{send}}} \tag{4-4}$$

类似地，用户设备 n 将任务 $\langle D_n, L_n, T_n \rangle$ 卸载到网络接入点，用户设备的能量消耗可以表示为

$$E_n^{\text{send}} = p_n T_n^{\text{send}} \tag{4-5}$$

4.2.4 边缘云计算模型

当任务卸载到边缘云进行处理时，需要分为两个步骤：第一步：任务通过网络传输到边缘云；第二步：任务在边缘云上进行处理。值得注意的是，由于任务的处理结果非常小，任务处理完，其结果返回到用户设备的时间是忽略不计的。

类似地，f_e^o 表示第 e 个边缘云中 CPU/GPU 的处理频率(单位时间的 CPU/GPU 周期)。$\eta_e (0 \leqslant \eta_e \leqslant 1)$ 表示第 e 个边缘云的 CPU/GPU 处理频率的实际可用率。与 η_k 类似，可用率 η_e 与处理的任务数成反比。第 e 个边缘云的实际可用频率为 $\eta_e f_e^o$。因此，边缘云 e 处理任务 $\langle D_n, L_n, T_n \rangle$ 所消耗的时间可表示为

$$T_{n,e}^{\text{exe}} = \frac{L_n}{\eta_e f_e^o} \tag{4-6}$$

显然，任务卸载到边缘云进行处理所消耗的总时间 $T_{n,e}^{\text{off}}$ 可以表示为

$$T_{n,e}^{\text{off}} = T_n^{\text{send}} + T_{n,e}^{\text{exe}} \tag{4-7}$$

4.2.5 优化问题

本章中，每个用户设备 n 都是一个追求利益最大化的独立个体。因此，最小化每个用户设备在处理任务过程中的总消耗是本章的研究目标，其可表示为

$$\min_{a_n \in \mathcal{A}} O_n(a_n, a_{-n}), \quad \forall n \in \mathcal{N} \tag{4-8}$$

对于每个用户设备 n 而言，目标函数 $O_n(a_n, a_{-n})$ 可以具体表示为

$$O_n(a_n, a_{-n}) = \begin{cases} \gamma_1 T_{n,k}^{\text{exe}} + \gamma_2 E_{n,k}^{\text{exe}}, & a_n = 0 \\ \gamma_1 T_{n,e}^{\text{off}} + \gamma_2 E_n^{\text{send}}, & a_n \in \mathcal{E} \end{cases} \tag{4-9}$$

其中，$a_n \in \mathcal{A}$ 表示用户设备 n 的任务卸载策略，$\mathcal{A} = 0 \cup \mathcal{E}$ 表示用户设备可选的卸载策略集。$a_n = 0$ 表示任务将通过用户设备自身进行处理。需要注意的是，由于本章是基于多内核用户设备进行研究的，当任务通过用户设备自身进行处理时，将需要进一步确定任务的具体处理内核。此处，用户设备的处理能力按所有内核的平均处理能力进行计算。$a_n \in \mathcal{E}$ 表示待处理任务将被卸载到第 e 个边缘云进行处理。$a_{-n} = \{a_1, \cdots, a_{n-1}, a_{n+1}, \cdots, a_N\}$ 表示除了用户设备 n 以外的其他用户设备的策略集。$0 \leqslant \gamma_1 \leqslant 1$，$\gamma_1 + \gamma_2 = 1$，$\gamma_1$ 和 γ_2 分别表示时间消耗和能量消耗的权重参数，通过对 γ_1 和 γ_2 设置不同的权重值来模拟不同要求的任务。例如，虚拟现实相关的任务需要较高的处理能力，γ_2 即设置得大一些，着重针对处理任务过程中的能耗进行优化；自动驾驶和工业 4.0 相关的任务对时间延迟要求比较高，γ_1 即设置得大一些，着重对处理任务过程中的时间消耗进行优化，这些权重值在任务卸载期

间是保持不变的[5,6]。

为解决本章中基于多内核用户设备的计算资源调度问题。将该问题分解成两个子问题：任务卸载决策问题和内核调度问题。在解决第一个子问题时，利用了博弈论理论，将任务卸载问题转化为非合作博弈问题，并证明了该博弈是精确势博弈，至少存在一个纯策略的纳什均衡点。在第二个子问题中，当任务通过用户设备自身进行解决时，根据任务的大小、最高时延要求，推算出处理该任务最恰当的处理频率，并与处理器中的多个内核进行适配，适配出在保证时延要求的前提下，对频率最相近的内核进行处理，以达到节能高效处理任务的目的。

4.3 边缘云环境中任务卸载决策

在本章中，首先确定任务是通过用户设备自身处理还是通过边缘云进行处理，并将这一过程归纳为边缘云环境中任务卸载决策问题。随后，当任务通过用户设备自身进行处理时，根据任务的大小、最高时延要求，推算出处理该任务最合适的处理频率，并与处理器中的多个内核进行适配，以适配出最佳的处理内核。这一过程归纳为多内核用户设备的内核调度问题，针对第一个子问题，采用博弈论理论进行解决。

4.3.1 构建非合作博弈

在边缘云计算系统中，如果多个用户设备同时选择同一个边缘云进行处理，任务处理效率将会大大降低，处理质量也会随之下降。每个用户设备都是一个遵循自身利益最大化的独立个体。因此，可以把每个用户设备 n 看成一个独立的博弈参与者，从而形成了一个非合作博弈或策略博弈 $G = \{\mathcal{N}, \mathcal{A}, R_n(a_n, a_{-n})\}$。$\mathcal{N}$ 是所有博弈参与者(所有用户设备)的集合，$\mathcal{A}$ 是参与者可选的策略集合，$R_n(a_n, a_{-n})$ 是回报函数，回报函数定义为

$$R_n(a_n, a_{-n}) = \begin{cases} 1/\gamma_1 \left(T_{n,k}^{\text{exe}} - T_{n,e}^{\text{exe}}\right) + \gamma_2 T_{n,k}^{\text{exe}}, & a_n = 0 \\ 1/\gamma_1 T_{n,e}^{\text{send}} + \gamma_2 E_n^{\text{send}}, & a_n \in \mathcal{E} \end{cases} \tag{4-10}$$

定理 4-1　式(4-10)中的最小化消耗问题等价式(4-12)中的回报最大问题。

证明　众所周知，边缘云的计算能力比用户设备的计算能力要强，因此，可以有 $f_o^e > f_k^l$，$e \in \mathcal{E}$，$k \in \mathcal{K}$；在处理相同任务时，有 $T_{n,e}^{\text{exe}} < T_{n,k}^{\text{exe}}$。在式(4-9)等号左右两边同时减去 $\gamma_1 T_{n,e}^{\text{exe}}$，可以得到

$$O_n(a_n, a_{-n}) - \gamma_1 T_{n,k}^{\text{exe}} = \begin{cases} \gamma_1 \left(T_{n,k}^{\text{exe}} - T_{n,e}^{\text{exe}}\right) + \gamma_2 T_{n,k}^{\text{exe}}, & a_n = 0 \\ \gamma_1 T_n^{\text{send}} + \gamma_2 E_n^{\text{send}}, & a_n \in \mathcal{E} \end{cases} \tag{4-11}$$

因为 $T_{n,k}^{\text{exe}} - T_{n,e}^{\text{exe}} > 0$ ，即有 $O_n(a_n, a_{-n}) - \gamma_1 T_{n,k}^{\text{exe}} > 0$ ，因此可以得到

$$\min_{a_n \in \mathcal{A}} O_n(a_n, a_{-n}) \Leftrightarrow \min_{a_n \in \mathcal{A}} (O_n(a_n, a_{-n}) - \gamma_1 T_{n,k}^{\text{exe}})$$

$$\Leftrightarrow \max_{a_n \in \mathcal{A}} \frac{1}{O_n(a_n, a_{-n}) - \gamma_1 T_{n,k}^{\text{exe}}}$$

$$\Leftrightarrow \max_{a_n \in \mathcal{A}} R_n(a_n, a_{-n}) \tag{4-12}$$

现在，定理 4-1 得证。

4.3.2　纳什均衡分析

为了证明非合作博弈 G 存在一个纯策略的纳什均衡点，首先需证明该博弈 G 是势博弈，势函数定义为

$$\xi(a_n, a_{-n}) = (1 - I(a_n)) \sum_{n=1}^{N} H_l + I(a_n) \sum_{e=1}^{E} H_o \tag{4-13}$$

其中， $H_l = \dfrac{1}{\gamma_1 \left(T_{n,k}^{\text{exe}} - T_{n,e}^{\text{exe}} \right) + \gamma_2 T_{n,k}^{\text{exe}}}$ ； $H_o = \dfrac{1}{\gamma_1 T_n^{\text{send}} + \gamma_2 E_n^{\text{send}}}$ 。 $I(a_n)$ 是一个指示函数，当 $a_n = 0$ 时 $I(a_n) = 0$ ；否则， $I(a_n) = 1$ 。

定理 4-2　如果博弈 G 的势函数 $\xi(a_n, a_{-n})$ 可以精确地反映任意参与者 n 的回报，那么博弈 G 被称为精确势博弈。

证明　任意参与者 n 从当前的策略 a_n 改变为其他策略 a'_n ，将有以下三种情景。①参与者 n 从当前策略 $a_n = 0$ 改变为策略 $a'_n \in \mathcal{E}$ ，即用户设备产生的任务由自身处理转变为通过边缘云处理。②参与者 n 从当前策略 $a_n \in \mathcal{E}$ 改变为策略 $a'_n = 0$ ，即用户设备产生的任务由边缘云处理转变为由自身处理。③参与者 n 从当前策略 $a_n \in \mathcal{E}$ 改变为策略 $a'_n \in \mathcal{E}$ ， $a_n \neq a'_n$ ，即用户设备产生的任务由当前边缘云转变为另一个边缘云进行处理。

情景 1：参与者 n 从当前策略 $a_n = 0$ 改变为策略 $a'_n \in \mathcal{E}$ ，即用户设备产生的任务由自身处理转变为通过边缘云处理。当前策略是 $a_n = 0$ 时，可以得到

$$\xi(a_n, a_{-n}) = H_{l\{a_n=0\}} + \sum_{a_i=0, i \neq n}^{N} H_l + \sum_{a_i=e, i \neq n}^{E} H_o \tag{4-14}$$

当前策略由 $a_n = 0$ 转变为 $a'_n \in \mathcal{E}$ 时，可以得到

$$\xi(a'_n, a_{-n}) = H_{o\{a'_n=e\}} + \sum_{a_i=e, i \neq n}^{E} H_o + \sum_{a_i=0, i \neq n}^{N} H_l \tag{4-15}$$

当参与者的策略从 $a_n = 0$ 转变为 $a'_n \in \mathcal{E}$ 时，势函数 $\xi(a_n, a_{-n})$ 的变化为

$$\xi(a_n, a_{-n}) - \xi(a'_n, a_{-n}) = H_{l\{a_n=0\}} - H_{o\{a'_n=e\}} = R(a_n, a_{-n}) - R(a'_n, a_{-n}) \tag{4-16}$$

情景 2：参与者 n 从当前策略 $a_n \in \mathcal{E}$ 改变为策略 $a_n' = 0$，即用户设备产生的任务由边缘云处理转变为由自身处理。

由于情景 2 和情景 1 类似，可以得到 $R_n(a_n, a_{-n}) - R_n(a_n', a_{-n}) = \xi(a_n, a_{-n}) - \xi(a_n', a_{-n})$。情景 2 将不再具体证明。

情景 3：参与者 n 从当前策略 $a_n \in \mathcal{E}$ 改变为策略 $a_n' \in \mathcal{E}$，$a_n \neq a_n'$，即用户设备产生的任务由当前边缘云转变为另一个边缘云进行处理。当前策略是 $a_n \in \mathcal{E}$ 时，可以得到

$$\xi(a_n, a_{-n}) = H_{o\{a_n=e\}} + \sum_{a_i=0, i \neq n}^{N} H_l + \sum_{a_i=e, i \neq n}^{E} H_o \tag{4-17}$$

当前策略由 $a_n \in \mathcal{E}$ 转变为 $a_n' \in \mathcal{E}$，$a_n \neq a_n'$ 时，可以得到

$$\xi(a_n', a_{-n}) = H_{o\{a_n'=e\}} + \sum_{a_i=e, i \neq n}^{E} H_o + \sum_{a_i=0, i \neq n}^{N} H_l \tag{4-18}$$

当参与者 n 的策略从 $a_n \in \mathcal{E}$ 转变为 $a_n' \in \mathcal{E}$，$a_n \neq a_n'$ 时，势函数 $\xi(a_n, a_{-n})$ 的变化情况为

$$\xi(a_n, a_{-n}) - \xi(a_n', a_{-n}) = H_{o\{a_n=e\}} - H_{o\{a_n'=e\}} = R(a_n, a_{-n}) - R(a_n', a_{-n}) \tag{4-19}$$

通过以上证明，可以得出：势函数 $\xi(a_n, a_{-n})$ 可以精确地反映任意参与者 n 改变当前策略时的回报变化。因此，博弈 G 是一个精确势博弈，并至少存在一个纯策略的纳什均衡点(Nash equilibrium point，NEP)。定理 4-2 得证。

4.3.3 面向多用户的任务卸载算法

通过以上理论分析，证明非合作博弈 G 是一个精确势博弈，并且至少存在一个纯策略的纳什均衡点。在此基础上，提出一种 MUTO 算法。在 MUTO 算法中，混合策略向量 $P_n(t)$ 表示每个用户设备 n 的策略，$P_n(t) = [p_{n,1}(t), \cdots, p_{n,A}(t)]$，这里的 $p_{n,j}(t)(j \in \mathcal{A})$ 表示用户设备 n 在 t 时刻选择策略 j 的概率，$\sum_{j=1}^{A} p_{n,j}(t) = 1$。算法的具体流程如下。

首先，初始化混合策略 $p_{n,j}(t) = 1/A$，每个用户设备 n 根据混合策略集 $P_n(t)$ 选出一个概率值最大的策略 $a_n(t)$。其后，每个用户设备 n 根据式(4-12)得到一个回报值 $R_n(a_n, a_{-n})$。每个用户设备 n 根据下面的公式更新混合策略 $p_{n,j}(t+1)$：

$$p_{n,j}(t+1) = \begin{cases} p_{n,j}(t) + b\tilde{r}_j(t)(1 - p_{n,j}(t)), & j = a_n(t) \\ p_{n,j}(t) - b\tilde{r}_j(t)p_{n,j}(t), & j \neq a_n(t) \end{cases} \tag{4-20}$$

其中，$b(0 < b < 1)$ 是学习步长；$\tilde{r}_j(k)$ 是规范化回报，定义为 $\tilde{r}_j(t) = R_n(a_n, a_{-n})/$

$\sum\limits_{a_n \in A} R_n(a_n, a_{-n})$，表示策略 a_n 的回报在所有策略回报中所占的回报比例。经过有限次数的更新迭代，在混合策略 $P_n(t)$ 中，最高的策略概率将达到 0.99，此时，将概率达到 0.99 的策略视为用户设备 n 通过 MUTO 算法获得的最终策略。用户设备 n 根据混合策略 $p_{n,j}(t)(j \in \mathcal{A})$ 得出任务卸载策略 $a_n(t) = j$。当 $j = 0$ 时，表示任务将通过用户设备自身进行处理，具体的内核调度在 4.4 节介绍；当 $j \in \mathcal{E}$ 时，表示任务将卸载到第 $e \in \mathcal{E}$ 个边缘云进行处理。

在算法 4-1 中，首先输入待处理任务的数据量大小、所需 CPU 总周期数、最高时延，以及每个边缘云和每个内核的计算频率、传输信道相关的各个参数，并初始化迭代次数、每个用户设备所对应的混合策略。在算法 4-1 第 2 步到第 6 步，计算用户设备每个策略所对应回报值；第 7 步到第 11 步，根据用户设备当前所选策略，利用式(4-20)进行更新其对应的混合策略；第 1 步到第 13 步均为算法迭代步骤，直到用户设备所对应的混合策略，其最大值达到 0.99，看作 0.99 所对应的策略为用户设备选择的策略，即用户设备得到任务制定策略。

算法 4-1　面向多用户的任务卸载算法

输入：$\langle D_n, L_n, T_n \rangle, f_k^l, f_e^o, W, p_n, h_n, \omega_n$；

输出：a_n；

1: 初始化：$t = 1, p_{n,j} = \dfrac{1}{A}, a_n(t)$；

2:　　**while** $\max(P_n(t)) < 0.99$ **do**

　　　　if $a_n = 0$ **then**

3:　　　　　$R_n(a_n, a_{-n}) = \dfrac{1}{\gamma_1 \left(T_{n,k}^{\text{exe}} - T_{n,e}^{\text{exe}} \right) + \gamma_2 T_{n,k}^{\text{exe}}}$；

4:　　　　**else if** $a_n \in \mathcal{E}$ **then**

5:　　　　　$R_n(a_n, a_{-n}) = \dfrac{1}{\gamma_1 T_n^{\text{send}} + \gamma_2 E_n^{\text{send}}}$；

6:　　　　**end if**

7:　　　　**if** $a_n = j$ **then**

8:　　　　　$p_{n,j}(t+1) = p_{n,j}(t) + b\tilde{r}_j(t)(1 - p_{n,j}(t))$；

9:　　　　**else**

10:　　　　　$p_{n,j}(t+1) = p_{n,j}(t) - b\tilde{r}_j(t)p_{n,j}(t)$；

11:　　　　**end if**

12:　　　　$t = t + 1$;

13:　　　**end while**

14:　　　$p_{n,j}(t) = \max(p_n(t))$;

15:　　　$a_n(t) = j$;

4.4　多内核用户设备内核优化调度

通过 4.3 节提出的 MUTO 算法，可以确定任务是通过设备本身进行处理，还是将任务卸载到边缘云进行处理。当任务通过设备本身进行处理时，则需要进一步确定任务将通过哪个内核进行处理。

4.4.1　多内核用户设备内核调度算法

当任务通过设备自身进行处理时，根据任务的大小、最高时延要求，推算出处理该任务最合适的计算频率，然后将用户设备自身的内核频率与最佳的频率进行适配。然而，big.LITTLE 架构处理器的多个内核频率，通常情况下是不等于最佳计算频率的。因此，在这个过程中，适配出与最佳计算频率最相近的内核进行处理，以达到在保障时间延时的前提下，更加节能地处理任务。这一过程归纳为子问题二：内核调度问题。

在第二个子问题中，首先根据任务 $\langle D_n, L_n, T_n \rangle$ 的任务量大小 L_n、任务的最高时延 T_n，推算出在满足时延要求下的最佳处理频率为

$$f_{\exp}^l = L_n / T_n \tag{4-21}$$

然而，在现实情况中，装配 big.LITTLE 架构多内核处理器的用户设备，其多个内核往往没有与最佳处理频率 $f_{\exp}^l$ 相等的。因此，需要采用最佳匹配的方法适配最佳的处理内核。在选择内核时，因为要满足处理时延的要求，所以内核频率 f_k^l 不能小于最佳频率 $f_{\exp}^l$。其后，从剩下的内核中选出内核频率与最佳频率相差最小的内核处理该任务，以达到在保障时间延时的前提下，更加节能地处理任务。具体的内核调度算法如算法 4-2 所示。

算法 4-2　内核调度算法

输入：$\langle D_n, L_n, T_n \rangle, f_k^l, f_{\exp}^l$;

输出：k ;

1:　　初始化：F_{tem} ;

2: 计算最佳处理频率：$f_{\exp}^l = L_n / T_n$；

3: 将处理频率不小于 $f_{\exp}^l$ 的内核频率放入集合 F_{tem} 中；

4: 将集合 F_{tem} 中每个内核频率值与最佳频率做差；

5: 获取集合 F_{tem} 中差值最小的频率所对应的内核 k；

6: **return** k

在算法 4-2 中，定义了变量 F_{tem} 用来临时存放满足条件的内核频率。第 2 步，根据任务量和任务的时间延时，计算出最佳的处理频率。第 3 步，将内核频率不小于最佳频率的内核临时存放在集合 F_{tem} 中，以便用于进一步的选择。第 4 步，将集合 F_{tem} 中的每个内核频率都与最佳频率做差。第 5 步，选出集合 F_{tem} 中差值最小的频率所对应的内核，即为最终所选取的内核，即通过该内核处理任务。第 6 步，输出第 5 步中所选择出的内核，用户设备根据返回结果，将任务通过所对应的内核进行处理。

4.4.2 面向多用户的计算资源调度算法

针对本章中研究的计算资源调度问题，通过任务卸载问题和内核调度问题进行分步解决，并分别针对两个子问题提出了 MUTO 算法和内核调度算法。此外，通过将 MUTO 算法和内核调度算法结合起来，提出面向多用户的计算资源调度算法。具体算法如算法 4-3 所示。

算法 4-3 面向多用户的计算资源调度算法

输入：$\langle D_n, L_n, T_n \rangle, f_k^l, f_e^o, W, p_n, h_n, \omega_n$；

输出：a_n；

1: 初始化：$F_{\text{tem}}, t = 1, p_{n,j} = \dfrac{1}{A}, a_n(t)$；

2: $a_n = $ do MUTO；

3: **if** $a_n \neq 0$ **then**

4:     **return** a_n；

5: **else if** $a_n = 0$ **then**

6:     $k = $ do KS；

7: **end if**

8: **return**(a_n, k)

在算法 4-3 中，首先通过 MUTO 算法获得一个任务卸载决策，根据卸载决策可以判断任务是通过用户本身进行处理还是通过边缘云进行处理。如果 $a_n \in \mathcal{E}$，则表示任务通过边缘云进行处理，并直接返回策略 a_n，任务通过环境中的第 e 台边缘云进行处理；若 $a_n = 0$，表示任务将通过设备本身进行处理，此刻，需要继续执行内核调度算法，适配出在满足时间延时要求的前提下，与最佳处理频率最接近的内核 k 进行处理，并同时返回策略 $a_n = 0$ 和内核 k，表示任务将在设备本身处理，并由第 k 个内核处理。通过执行 MUCRS 算法，用户设备得到较佳的任务处理策略，以实现节能高效地处理任务。

4.5　实验与分析

4.5.1　实验环境与参数

本仿真实验通过 JDK1.8(Java SE)环境运行，使用 Eclipse 编译软件进行编写。在编写实验代码时，将实验分为算法模块、控制模块、设备模块、网络模块、任务模块和工具模块，体现了 Java 面向对象的编码思想，并按函数功能对代码进行分类。

在本章实验中，假设每个用户设备的 50m 范围内有一个可用的无线接入点(如办公大楼、实验大楼等场景)。假设环境中有五台边缘云为用户设备提供服务。用户设备数量为 20 台。学习步长初始化设置为 $b = 0.1$。用户设备上装备的处理频率异构处理器的内核频率 f_k^l 分别为 1.5GHz、1.0GHz、0.8GHz、0.6GHz、0.4GHz，边缘云处理频率 f_e^o 分别为 20GHz、25GHz、30GHz、35GHz、40GHz。用户设备装备的多核处理器中，每个内核的运行功率 f_k^l 分别为 1.5W、1.0W、0.8W、0.6W、0.4W，用户设备的信号发射功率 P_n 为 100mW。信道带宽 $W = 5\text{MHz}$，信道增益 $h_n = 10^{-3}$，信道噪声 $\omega_n = 10^{-9}$。对于时间消耗权重 γ_1 和能量消耗权重 γ_2 来说，初始化设置 $\gamma_1 = \gamma_2 = 0.5$，后面将分别设置不同的值来进行分析。

4.5.2　实验结果分析

本实验中，首先对算法的收敛性进行分析，为验证 MUCRS 算法具有收敛性，通过分析每个用户设备的混合策略在每次迭代中的变化来验证该算法具有收敛性。本实验从 20 个用户设备中随机选取第 9 个用户设备进行分析。需要提醒的是，在博弈论中每个参与者(用户设备)都被考虑进来，所选取的第 9 个用户设备与其他设备相比没有什么特别之处，只是随机选择用于分析。

如图 4-2 所示，在第 0 次迭代时，各个策略的选择概率为 0.1。大约经过了 50 次迭代之后，第三个策略(内核 3)接近 1。在有限次迭代后，第 9 个用户设备选择第三个策略，即任务通过设备自身的第三个内核进行处理。通过第 9 个用户设备，验证了算法的收敛性，推广到一般，对于任何用户设备，经过有限迭代运行，该算法都可以得到一个确定的卸载策略。算法的收敛性得到了验证。

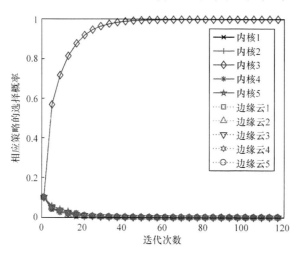

图 4-2　用户设备的混合策略在每次迭代时的变化

图 4-2 是通过分析单一用户的混合策略收敛情况，相对于全部用户的策略选择情况，则通过图 4-3 进行了分析。在图 4-3 中，考虑了 20 个用户设备，每次迭代中的策略选择情况如图 4-3 所示。从图中可以看出，有 1 个用户设备通过内核 1 处理任务；有 2 个用户设备通过内核 2 处理任务，意味着有 2 个用户设备将任务通过自身处理器中的第 2 个内核进行处理；有 4 个用户设备通过内核 3 处理任务；有 0 个用户设备通过内核 4 处理任务；有 1 个用户设备通过内核 5 处理任务；有 2 个用户设备通过边缘云 1 处理任务，意味着有 2 个用户设备将任务卸载到边缘云 1 上进行

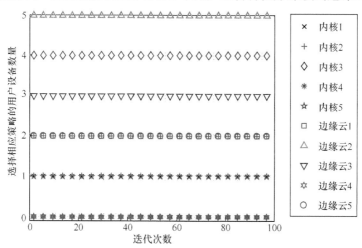

图 4-3　选择每种策略的用户设备数量

处理；通过边缘云 2 处理任务的用户设备有 5 个；通过边缘云 3 处理任务的用户设备有 3 个；通过边缘云 4 处理任务的用户设备有 0 个，这可能由于边缘云 4 目前所需处理任务较多，为避免处理延时过长，从而不通过边缘云 4 进行处理；通过边缘云 5 进行处理任务的用户设备有 2 个。从图 4-3 中每个用户设备的策略选择情况可以得出，经过有限次的迭代，每个用户设备均可获得一个稳定的任务卸载策略。

图 4-4 分析了不同学习步长 b 对算法收敛速度的影响。本实验仍然选择第 9 个用户设备进行分析。如图 4-4 所示，在 $b = 0.5$ 时，算法大约在第 20 次迭代时几乎收敛到 1。当 $b = 0.05$ 时，算法大约在第 100 次迭代时收敛到 1。由图中数据可以看出，算法收敛速度由快到慢排序时，学习步长 b 的值依次为 0.5、0.2、0.1、0.075、0.05。因此，算法的收敛速度与学习步长 b 成正比。

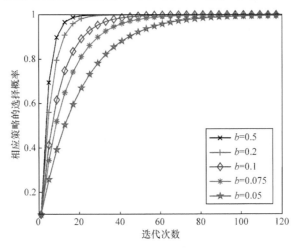

图 4-4　不同的学习步长 b 对算法收敛速度的影响

在本章的研究中，通过时间权重 γ_1 和能量权重 γ_2 来模拟待处理任务对时延和能耗的灵敏度。当时间权重较大时，表示任务对时延要求较高，在优化消耗时，着重对时间进行优化；当能耗权重较大时，表示任务的数据量较大，需消耗较多能耗，着重对能耗进行优化。

在本实验中，用户设备需要处理 500 个任务时，意味着每个用户设备都需要处理 500 个任务，从而保证多个用户设备在每次处理任务时形成一个计算资源争夺的博弈。在此背景下，分别分析用户设备在处理不同数量的任务时，所消耗的时间成本和能量成本。

针对两个权重参数 γ_1 和 γ_2 的实验分析，仍然利用第 9 个用户设备分析 γ_1 和 γ_2 对资源消耗的影响。当 $\gamma_1 = 0.2$ 时，意味着待处理任务对时间的敏感性不是很高；当 $\gamma_1 = 0.8$ 时，意味着待处理任务对时间的敏感性很高，应当着重对时间进行优化。如图 4-5(a)所示，当 $\gamma_1 = 0.8$ 时，处理相同数量的任务所消耗的时间资源比 $\gamma_1 = 0.2$ 时要少。

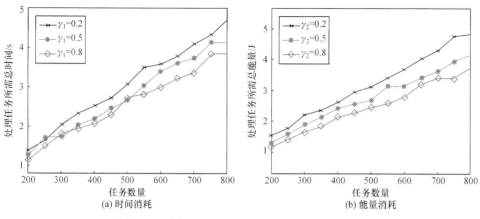

图 4-5　不同的 γ_1 和 γ_2 对时间和能量消耗的影响

如图 4-5(b)所示，当 $\gamma_2 = 0.2$ 时，待处理任务对能量的敏感度不是很高；当 $\gamma_2 = 0.8$ 时，意味着待处理任务对能量的敏感度很高。可以看出，当 $\gamma_2 = 0.8$ 时，处理相同数量的任务所消耗的能量要比 $\gamma_2 = 0.2$ 时少。因此，通过调整参数 γ_1 和 γ_2，可以满足任务不同的敏感度要求。

图 4-6 分析了不同架构的处理器对时间和能量消耗的影响。在此分析中，仍然选择第 9 个用户设备进行分析。如图 4-6 所示，$f_k^l = 0.2\text{GHz}$ 表示用户设备处理器的频率为 0.2GHz。$f_k^l = 1.5\text{GHz}$ 表示用户设备处理器的频率为 1.5GHz。Heterogeneous 表示用户设备的处理器采用 big.LITTLE 架构，处理器的内核频率分别为 1.5GHz、1.0GHz、0.8GHz、0.5GHz、0.2GHz。需要注意的是，在本次实验分析中，$f_k^l = 0.2\text{GHz}$ 是异构处理器中最低的处理频率，$f_k^l = 1.5\text{GHz}$ 是异构处理器中最高的处理频率。

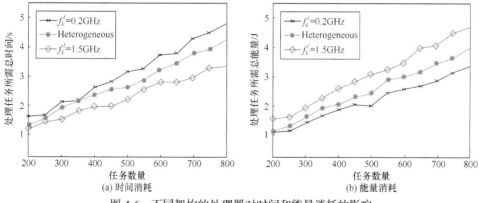

图 4-6　不同架构的处理器对时间和能量消耗的影响

如图 4-6(a)所示，当 $f_k^l = 0.2\text{GHz}$ 时，处理相同的任务消耗的时间最多，因为其处理频率比较低。在处理一些时间敏感度高的任务时，这些任务可能会被卸载到附近的边缘云处理，这也增加了时间上的消耗。当 $f_k^l = 1.5\text{GHz}$ 时，处理相同数量的任务消耗的时间是最少的，因为其处理频率是最快的。然而，当 $f_k^l = 1.5\text{GHz}$ 时，消耗的能量也是最多的。从图 4-6 (b)可以看出，一些时间敏感度高的任务会在设备本身进行处理，这也增加了能源消耗。从以上分析可以看出，配备异构处理器的用户设备，在处理任务时可以更好地满足对时间或者能量消耗的要求。

图 4-7 分析了在处理相同数量的任务时，MUCRS 算法与其他类似算法的能量消耗和时间消耗对比。如图 4-7(a)所示，当任务数量为 500 时，MUCRS 算法需要消耗 2.052J 能量，基于多核的计算卸载和配置(multi-based computation offloading/configuring, MCO/C)算法需要消耗 2.367J 能量，MAUI+Random 算法需要消耗 2.589J 能量。Random 算法需要消耗 2.851J 能量。当任务数量为 700 时，MUCRS 算法需要消耗 2.872J 能量，是几个算法中能源消耗最低的。从上述实验结果数据可以看出，MUCRS 算法比 Random 算法、MAUI+Random 算法和 MCO/C 算法在处理相同数量的任务时更高效。如图 4-7(b)所示，当任务数量为 500 时，MUCRS 算法需要 2.32s，MCO/C 算法需要 2.36s，MAUI+Random 算法需要 2.43s，Random 算法需要 2.64s。当任务数量为 700 时，MUCRS 算法需要 3.19s，是消耗时间最短的算法。从上述实验结果数据可以看出，MUCRS 算法比 Random 算法、MAUI+Random 算法和 MCO/C 算法在处理相同数量的任务时需要的时间资源更少。

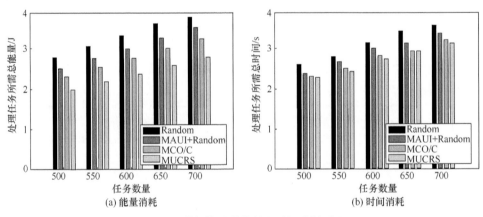

图 4-7　类似算法的能量和时间消耗对比

现在，针对图 4-7 的实验结果进行分析。Random 算法是将待处理任务随机分配给可用的计算节点进行处理。MAUI+Random 算法首先确定待处理任务是在云上进行处理还是通过设备本身进行处理，如果任务通过设备本身进行处理，那么随机调度一个处理器中的内核来处理该任务。因此，MAUI+Random 算法比 Random 算法更节能。MCO/C 算法在分配任务后，通过 DVFS 技术调整处理器的处理频率来达到节省能量的目的。因此 MCO/C 算法比 MAUI+Random 算法更节能。当设备使用 MCO/C 算法来处理一个时延要求比较低的任务时，MCO/C 算法将降低处理器的频率以降低功率消耗，但是高频的处理器功率即使通过 DVFS 技术降到低频，其功率仍然要比同频率的低频处理器高。因此与 MUCRS 算法相比，MCO/C 算法在处理任务时需要消耗更多的能量。

4.6　本章小结

本章针对如何降低用户设备在处理任务过程中的能量消耗问题，研究了如何基于 big.LITTLE 架构处理器实现节能高效任务卸载。针对该研究问题，通过任务卸载决策问题和内核调度问题进行分步解决。在任务卸载决策问题中，通过综合分析任务的处理时延、数据量大小、网络状态等因素，确定是否需要卸载，卸载到哪里的问题。在此过程中，将用户设备和多个边缘云规划成统一的具有不同计算能力的多个计算节点，将任务卸载问题规划成非合作博弈问题，并证明该博弈是精确势博弈且至少存在一个纯策略的纳什均衡点。通过提出的任务卸载算法获得任务的处理位置。如果任务不需要进行卸载，则进一步解决处理器内核调度问题。根据任务的数据量、时延要求获得处理此任务的最佳处理频率，并与处理器中多个内核进行匹配，获得最佳的处理内核。通过以上两个步骤，可以实现高效节能任务卸载。最后，通过实验仿真验证了算法的收敛性，并与其他类似算法进行比较，体现了该方法的优越性能。

参 考 文 献

[1] Zeng J, Wang Q Q, Liu J F, et al. A potential game approach to distributed operational optimization for microgrid energy management with renewable energy and demand response[J]. IEEE Transactions on Industrial Electronics, 2019, 66(6): 4479-4489.

[2] Aissioui A, Ksentini A, Gueroui A M, et al. On enabling 5G automotive systems using follow me edge-cloud concept[J]. IEEE Transactions on Vehicular Technology, 2018, 67(6): 5302-5316.

[3] Zhao J H, Li Q P, Gong Y, et al. Computation offloading and resource allocation for cloud assisted mobile edge computing in vehicular networks[J]. IEEE Transactions on Vehicular Technology, 2019, 68(8): 7944-7956.

[4] 于博文, 蒲凌君, 谢玉婷, 等. 移动边缘计算任务卸载和基站关联协同决策问题研究[J]. 计算机研究与发展, 2018, 55(3): 537-550.

[5] 李邱苹, 赵军辉, 贡毅. 移动边缘计算中的计算卸载和资源管理方案[J]. 电信科学, 2019, 35(3): 36-46.

[6] Miao Y M, Wu G X, Li M, et al. Intelligent task prediction and computation offloading based on mobile-edge cloud computing[J]. Future Generation Computer Systems, 2020, 102: 925-931.

第5章　边缘云环境中面向任务可分的
协同任务卸载策略

在第4章中,主要研究了如何基于 big.LITTLE 架构处理器实现高效节能任务卸载。然而,在实际生活中,用户设备周围的环境中有多个可以利用的边缘云,如果将任务单一地卸载到某个边缘云上进行处理,在一定程度上就造成了其他边缘云计算资源的闲置,从而导致边缘云计算资源的整体利用率不高。对于用户设备产生的待处理任务,在任务处理前,根据任务内部中各个组件之间的依赖关系将其划分为多个子任务,并利用环境中的多个边缘云和用户设备自身进行并行协同处理,以提高边缘云计算资源的整体利用率,降低任务处理时延。本章旨在研究如何将可分的待处理任务划分成多个子任务,并将这些子任务通过环境中的多个边缘云和用户设备自身进行并行协同处理,以降低任务处理时延。

5.1　引　　言

随着科技的飞速发展,人们的生活越来越便利,这也促生了对时延要求更加苛刻、计算更密集的新式应用。然而,用户设备由于物理尺寸的限制,其电能和计算能力均受到限制。如果将低处理时延、高计算量的任务通过用户设备自身进行处理,则需要较长的处理时间和较高的能量消耗,无法得到较好的处理结果。复杂的应用程序通过资源受限的用户设备进行处理,这在本质上就形成了一种挑战[1,2]。边缘云计算是指待处理任务通过用户设备自身或者靠近数据源附近的边缘云进行处理,这种方式不仅增强了用户设备的任务处理能力,还减少了传输时延(相对云计算而言)。

在传统的任务卸载中,用户设备根据当前的网络状态、待处理任务的时延要求、数据量大小、边缘云的性能等因素,综合分析比较任务是通过用户设备自身进行处理还是通过边缘云进行处理将会取得较佳的处理结果。任务卸载在一定程度上不仅突破了用户设备自身的计算资源限制,还增强了处理任务的能力。本章主要考虑如何将用户设备和多个边缘云结合起来,为任务处理提供协同并行的计算服务。

通过应用程序产生的任务可以分为三类:第一类为面向数据分区的应用(data partition oriented application, DPOA)所产生的任务;第二类为面向代码分区的应用(code partitioning oriented application，CPOA)所产生的任务；第三类为顺序执行的应用(sequential execution application，SEA)所产生的任务。对于 DPOA 类应用产生的任务，待处理任务所需要处理的数据量是预先知道的，并且数据之间的依赖关系不大，可以任意将其划分为多个子任务，如病毒扫描任务、文件压缩任务和视频传输任务。对于 CPOA 类应用产生的任务，待处理任务的内部存在多种依赖关系，这些依赖关系可以看成一个有向无环图。针对此类任务，根据其内部依赖关系将其划分为多个子任务并进行并行处理。

本章主要研究面向 DPOA 和 CPOA 所产生的任务及其卸载问题。待处理任务在其处理前，根据其内部的依赖关系和其他因素将其划分为多个可以并行处理的子任务。利用用户设备和环境中的多个边缘云形成的多节点处理系统对多个子任务进行并行处理。此外，本章引入差分进化算法，并对其进行改进，改进后的差分进化算法可以高效地解决子任务卸载问题。通过实验表明，改进后的差分进化算法可以为多个子任务提供恰当的卸载策略。

5.2 系 统 模 型

对本章所假设的场景以及任务模型进行建模，此外建立任务卸载过程中的本地计算模型、通信模型、边缘云计算模型、并行计算模型。

5.2.1 场景模型

在本章所假设的边缘云计算场景中，包含 N 台用户设备、E 台边缘云。集合 $\mathcal{N} = \{1, 2, \cdots, N\}$ 和集合 $\mathcal{E} = \{1, 2, \cdots, E\}$ 分别表示用户设备集合和边缘云集合。每个用户设备 n 均产生待处理任务。本章中，所研究的任务对象主要面向可分的任务，具体的任务类型将在 5.2.2 节中详细介绍。这些待处理任务经过处理，被划分为多个子任务，从而实现子任务在不同处理设备上的并行处理。如图 5-1 所示，图中分布了 4 台用户设备，在这些用户设备周围分布了 5 台边缘云为其提供远程计算服务。当任务需要进行处理时，首先根据任务内部的依赖关系或者其他因素将其划分成多个子任务，并将这些子任务通过用户设备和多个边缘云组成的多节点处理网络进行并行处理。

在图 5-1 中，当用户设备 4 产生待处理任务时，首先根据其内部依赖关系等因素将其划分成 3 个子任务，然后将这 3 个子任务分别通过自身、边缘云 1 和边缘云 4 进行并行处理。用户设备 4 的处理模式就如图 5-2 中的 D 模式。从图 5-2 中可以看出，在处理同样的任务时，处理模式 D 相比于单一地通过设备本身或者单一地通过一个边缘云可以消耗更少的时间完成任务处理。

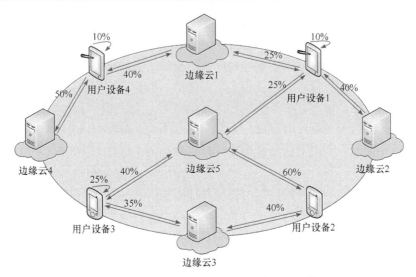

图 5-1　边缘云环境中协同任务卸载系统架构图

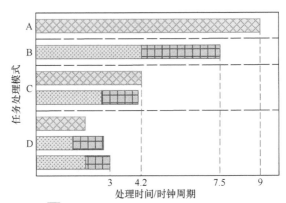

A：本地处理　　　　　　　　　B：边缘云处理
C：本地+1个边缘云　　　　　　D：本地+2个边缘云

图 5-2　不同处理模式下的处理时间对比

5.2.2　任务模型

图 5-3 为 CPOA 类应用所产生的任务，其内部子任务之间依赖关系典型样例。如图 5-3(a)所示，待处理任务可以根据其内部依赖关系划分为 9 个子任务。正如图 5-3(b)所示，根据依赖关系，子任务 7、子任务 2 和子任务 3，或者子任务 4、子任务 5 和子任务 6 均可以并行进行处理。对于 SEA 类应用产生的任务，由于这类严格按照顺序执行，即使可以分割成多个子任务，这些子任务也必须按照事先

规定的顺序一个一个执行，这就不能通过环境中的多个边缘云进行并行处理，因此这类任务在本章中不考虑。本章中，主要考虑面向 DPOA 和 CPOA 类应用生成的任务。

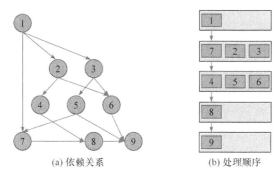

图 5-3　CPOA 类任务中子任务之间依赖关系样例

本章中，三元组 $\psi \overset{\text{def}}{=\!=} \langle \alpha, \beta, \tau \rangle$ 表示待处理任务，α 表示待处理任务的比特大小，β 表示处理完待处理任务所需的 CPU 总周期数，τ 表示待处理任务的时间限制。集合 $S = \{\psi_1, \psi_2, \cdots, \psi_s\}$ 表示子任务集，$\psi_s (s \in S)$ 表示子任务集中第 s 个子任务。类似地，$\psi_s \overset{\text{def}}{=\!=} \langle \alpha_s, \beta_s, \tau_s \rangle$ 表示子任务，α_s 表示子任务的数据量大小(比特)，β_s 表示处理完子任务所需的 CPU 总周期数，τ_s 表示子任务的时间限制。

5.2.3　本地计算模型

本地计算是指待处理任务通过用户设备自身进行处理。用户设备 n 的处理频率表示为 f_n。众所周知，当多个任务同时在同一台设备进行处理时，所占用的计算资源将会增加，可用的计算资源将会减少。$\mu_n(0 \leqslant \mu_n \leqslant 1)$ 表示设备 n 的计算资源可用率。因此，用户设备 n 处理子任务 ψ_s 所需的时间为

$$T_{s,n}^{\text{exe}} = \frac{\beta_s}{\mu_n f_n} \tag{5-1}$$

用户设备 n 处理子任务 ψ_s 所需消耗的能量可以表示为

$$E_{s,n}^{\text{exe}} = \kappa \beta_s f_n^2 \tag{5-2}$$

其中，κ 是一个常数，κf_n^2 是 CPU 每个周期的能量消耗。

5.2.4　通信模型

在通信模型中，当用户设备 n 通过网络接入点将子任务传输到边缘云进行处理时，首先用户设备需要将子任务传输到无线接入点，然后无线接入点将子任务

通过网络传输到边缘云上。在任务传输阶段只考虑用户设备与无线接入点之间的传输时间[2,3]。用户设备 n 将子任务传输到接入点的上传速率可以表示为

$$r_n^{\text{up}} = B \log_2 \left(1 + \frac{P_n^{\text{up}} h_n}{\omega_n} \right) \tag{5-3}$$

其中，B 为信道带宽；P_n^{up} 为用户设备的上传功率；h_n 为信道增益；ω_n 为信道噪声功率。

本章中，假设网络传输链路是对称的并且遵循准静态块衰落。信道状态在任务卸载阶段保持不变[4]。用户设备 n 通过网络接入点将子任务传输到边缘云 e 进行处理，在此阶段，用户设备 n 所消耗的时间表示为

$$T_{n,e}^{\text{up}} = \frac{\alpha_s}{r_n^{\text{up}}} \tag{5-4}$$

类似地，用户设备 n 通过网络接入点将子任务传输到边缘云 e，这一阶段用户设备 n 所消耗的能量可以表示为

$$E_{n,e}^{\text{up}} = P_n^{\text{up}} T_{n,e}^{\text{up}} \tag{5-5}$$

5.2.5　边缘云计算模型

子任务 $\psi_s (s \in S)$ 通过网络接入点卸载到边缘云进行处理时，子任务 ψ_s 在边缘云 e 上进行处理所消耗的时间表示为

$$T_{s,e}^{\text{exe}} = \frac{\beta_s}{\mu_e f_e} \tag{5-6}$$

其中，f_e 表示边缘云 CPU/GPU 的处理频率；$\mu_e (0 \leqslant \mu_e \leqslant 1)$ 表示边缘云 e 计算资源的可用率。现在，可以得到子任务 $\psi_s (s \in S)$ 卸载到边缘云 e 上进行处理所消耗的总时间[5,6]，表示为

$$T_{s,e} = T_{n,e}^{\text{up}} + T_{s,e}^{\text{exe}} \tag{5-7}$$

需要注意的是，在很多研究中，都忽略了任务在云上处理时所需消耗的能量。这是因为云提供的计算服务可以被认为是预付的，其能源消耗成本已经是固定的。在任务卸载中，通过优化用户设备自身的计算资源消耗，以进一步降低其处理任务时所消耗的计算资源。基于此，当任务通过边缘云进行处理时，本章也忽略了其在云上的能量消耗。

5.2.6　并行计算模型

本章中，待处理任务 ψ 根据其内部依赖关系和其他相关因素被划分为多个子任务 $\psi_s (s \in S)$，这些子任务通过用户自身和多个边缘云进行并行处理。因此，处

理任务 ψ 的消耗等于处理多个子任务 $\psi_s(s\in S)$ 的总消耗。

本章中,子任务 $\psi_s(s\in S)$ 通过用户设备或者环境中的多个边缘云进行并行处理,$\varLambda\in R^{s\times(1+E)}$ 表示子任务卸载策略分配矩阵,其中,子任务卸载策略分配矩阵 (s,e) 位置上的元素 $a_{s,e}$,表示子任务 s 是否通过处理设备 e 进行处理。若 $a_{s,e}=1$,则表示子任务 s 将通过第 e 台处理设备(用户设备或者边缘云)进行处理;若 $a_{s,e}=0$,则表示子任务 s 不通过第 e 台处理设备处理。需要注意的是,当 $a_{s,e}=1$ 且 $e=0$ 时,表示子任务 s 将通过用户设备自身进行处理;当 $a_{s,e}=1$ 且 $e\in\mathcal{E}$ 时,表示子任务 s 将通过第 e 台边缘云进行处理。为便于理解,(s,e) 位置上的元素 $a_{s,e}$ 所代表的含义总结如下:

$$a_{s,e}=\begin{cases}1,\ \text{子任务通过第}e\text{台设备进行处理}\\0,\ \text{子任务不通过第}e\text{台设备进行处理}\end{cases} \tag{5-8}$$

子任务卸载策略分配矩阵 $\varLambda\in R^{s\times(1+E)}$、子任务分配策略 $a_{s,e}$ 及其所代表的含义如表 5-1 所示。

表 5-1　子任务卸载策略分配矩阵

子任务 ψ_s	子任务卸载策略分配矩阵 $\varLambda\in R^{s\times(1+E)}$								子任务分配策略 $a_{s,e}$
ψ_1	0	0	0	0	0	0	0	1	$a_{1,7}=1$
ψ_2	1	0	0	0	0	0	0	0	$a_{2,0}=1$
ψ_3	0	0	0	0	0	1	0	0	$a_{3,5}=1$
ψ_4	0	0	0	1	0	0	0	0	$a_{4,3}=1$
ψ_5	0	0	0	0	0	1	0	0	$a_{5,5}=1$
ψ_6	0	0	1	0	0	0	0	0	$a_{6,2}=1$
ψ_s	0	1	0	0	0	0	0	0	$a_{s,2}=1$

在表 5-1 中,$a_{1,7}=1$ 表示子任务 1 将通过第 7 个边缘云进行处理;$a_{2,0}=1$ 表示子任务 2 将通过用户本身进行处理。其他的子任务策略,与子任务 1 或子任务 2 的策略类似,不再具体解释。

子任务 $\psi_s(s\in S)$ 根据其子任务分配策略 $a_{s,e}$,将通过第 e 台处理设备进行处理,所消耗的时间可以表示为

$$T_s=(1-I(a_{s,e}))T_{s,n}^{\text{exe}}+I(a_{s,e})T_{s,e} \tag{5-9}$$

其中,$I(a_{s,e})$ 是一个指示函数。当 $a_{s,e}=1$ 时,$I(a_{s,e})=1$,否则 $I(a_{s,e})=0$。处理子任务 $\psi_s(s\in S)$ 所消耗的能量表示为

$$E_s=(1-I(a_{s,e}))E_{s,n}^{\text{exe}}+I(a_{s,e})E_{n,e}^{\text{up}} \tag{5-10}$$

在本章中，主要解决的目标是最小化处理任务 ψ 的总成本，其等价于最小化处理完子任务 $\psi_s(s \in S)$ 所消耗的总成本，由于子任务是并行处理的，处理这些子任务所需消耗的时间成本就是处理节点所花费最大的时间成本。要得到这些计算节点所消耗最大的时间成本，需要对用户设备端和边缘云端分别进行计算，其后再找出消耗最大的时间成本。

对于用户设备端，当多个子任务通过用户设备自身进行处理时，多个子任务所消耗的时间成本等于这些子任务所消耗时间成本的总和，即

$$T_{\text{local}} = \sum_{s=1}^{S}(1 - I(a_{s,e}))T_{s,n}^{\text{exe}} \tag{5-11}$$

对于边缘云端，由于子任务通过多个边缘云进行并行处理，当多个子任务通过同一个边缘云处理时，该边缘云所消耗的时间成本就等于该边缘云上子任务消耗的时间成本总和，即

$$T_e = \sum_{s=1}^{S}I(a_{s,e})T_{s,e} \tag{5-12}$$

对于环境中的多个边缘云，将每个边缘云的时间消耗成本均放于边缘云时间消耗集合 T_{edges}，将得到边缘云时间消耗集合：

$$T_{\text{edges}} = \left\{ \sum_{s=1}^{S}I(a_{s,1})T_{s,1}, \cdots, \sum_{s=1}^{S}I(a_{s,e})T_{s,e}, \cdots, \sum_{s=1}^{S}I(a_{s,E})T_{s,E} \right\} \tag{5-13}$$

显然，边缘云端所消耗最大的时间成本为 $\max\{T_{\text{edges}}\}$。因此，处理子任务所消耗的时间成本为

$$T_{\text{total}} = \max\{T_{\text{total}}, \max\{T_{\text{edges}}\}\} \tag{5-14}$$

划分好的多个子任务可以通过环境中的多个边缘云和设备自身进行并行处理。虽然在时间成本上，处理这些子任务所需要的时间成本等价于处理节点所消耗最大的时间成本。但是，在能耗成本上，处理这些子任务所需要的能耗成本等价于每个处理节点所消耗能耗的总成本。总的能耗成本表示为

$$E_{\text{total}} = \sum_{s=1}^{S}(1 - I(a_{s,e}))E_{s,n}^{\text{exe}} + \sum_{s=1}^{S}I(a_{s,e})E_{n,e}^{\text{up}} \tag{5-15}$$

本章中，λ_T 和 $\lambda_E(0 \leqslant \lambda_T \leqslant 1, \lambda_T + \lambda_E = 1)$ 分别用来表示时间消耗权重和能量消耗权重，通过两个权重将时间消耗成本和能量消耗成本统一结合起来形成总消耗成本。其可以表示为

$$\begin{aligned} C_{\text{total}} &= \lambda_T T_{\text{total}} + \lambda_E E_{\text{total}} \\ &= \lambda_T (\max\{T_{\text{local}}, \max\{T_{\text{edges}}\}\}) \\ &\quad + \lambda_E \left(\sum_{s=1}^{S}\left(1 - I(a_{s,e})E_{s,n}^{\text{exe}} + \sum_{s=1}^{S}I(a_{s,e})E_{n,e}^{\text{up}}\right)\right) \end{aligned} \tag{5-16}$$

5.3　问题形式化

本节首先阐述了本章要优化的问题,并将此优化问题与多背包问题进行类比,该优化问题可以类比多背包问题,证明了此优化问题为 NP 难问题。针对本章中的多目标优化问题,采用启发式算法予以解决,差分进化算法具有很好的稳定性和收敛性,精确度高,求解速度快,非常适合求解大规模多目标优化问题。本章将采用差分进化算法来解决本章的优化问题。

5.3.1　优化问题

本章要解决的问题是最小化处理任务 ψ(全部子任务 $\psi_s(s \in S)$)所消耗的总成本,优化问题表示为

$$
\begin{aligned}
&\text{P1}: \min C_{\text{total}} \\
&\text{C1}: T_s \leqslant \tau_s \\
&\text{C2}: T_{\text{total}} \leqslant \tau_s \\
&\text{C3}: \sum_{s=1}^{S}(1 - I(a_{s,e}))\alpha_s + \sum_{s=1}^{S} I(a_{s,e})\alpha_s = \alpha \\
&\text{C4}: \sum_{s=1}^{S}(1 - I(a_{s,e}))\beta_s + \sum_{s=1}^{S} I(a_{s,e})\beta_s = \beta \\
&\text{C5}: a_{s,e} \in \{0,1\}
\end{aligned}
\tag{5-17}
$$

为了证明 P1 问题是 NP 难问题,现对 C_{total} 进行分析,由于 C_{total} 表示处理子任务所消耗的总成本,当 $C_{\text{total}} = 0$ 意味着任务没有被处理,或者环境中的边缘云不能满足任务处理时延的要求,因此,当任务被处理时有 $C_{\text{total}} > 0$,P1 中资源消耗最小问题等价于回报 $R_{\text{total}} = 1/C_{\text{total}}$ 最大问题,可以表示为

$$
\begin{aligned}
&\text{P2}: \max R_{\text{total}} \\
&\text{C1}: T_s \leqslant \tau_s \\
&\text{C2}: T_{\text{total}} \leqslant \tau_s \\
&\text{C3}: \sum_{s=1}^{S}(1 - I(a_{s,e}))\alpha_s + \sum_{s=1}^{S} I(a_{s,e})\alpha_s = \alpha \\
&\text{C4}: \sum_{s=1}^{S}(1 - I(a_{s,e}))\beta_s + \sum_{s=1}^{S} I(a_{s,e})\beta_s = \beta \\
&\text{C5}: a_{s,e} \in \{0,1\}
\end{aligned}
\tag{5-18}
$$

约束 C1 表示:无论子任务 ψ_s 通过设备本身还是通过边缘云进行处理,其处

理时间不能超过其最大时间限度。由于子任务被划分好以后，其任务大小 β_s 是固定的，在满足时间延迟 τ_s 的条件下完成任务处理，本质上就对处理设备的处理能力提出了要求 $f_{\exp} \geqslant \beta_s / \tau_s$。处理设备的处理能力必须不小于处理任务的预期处理频率 $f_{\exp}$。这就类似于多背包问题中，背包体积不小于物品体积。

约束 C2 表示：处理完全部的子任务 $\psi_s(s \in S)$，其最大的处理时间不能超过任务 ψ 的最大时间要求。这就类似于多背包问题中，将物品装完且所装物品的总体积不能超过背包的总容量。

约束 C3 与 C4 分别表示：所有子任务的总比特大小等于任务 ψ 的比特大小；处理完所有子任务所需的 CPU 周期等于处理完任务所需的 CPU 周期。这类似于多背包问题中，多个背包需要将物品装完。

约束 C5 表示：子任务处理决策 $a_{s,e}$ 是二进制变量，表示子任务 ψ_s 将通过第 e 台设备进行处理，或者不通过第 e 台设备处理。这就类似于多背包问题中，物品装在某个背包中或不装在某个背包中。

对于提出的优化问题，处理这些子任务所消耗的总开销最小，等价于处理这些子任务所取得的总回报最大。这就类似于多背包问题中，将物品全部装在多个背包中，背包的利用数量最小，背包的利用率最大。

图 5-4 为子任务处理模式情景图，图中任务 ψ 内部包含 9 个子任务，并将其划分为多个子任务 $\psi_s(s \in S)$，子任务 $\psi_s(s \in S)$ 可以看成多个物品，边缘云 1、边缘云 2、边缘云 3、边缘云 4 可以看成 4 个具有一定容量的背包。现在将子任务分别通过多个边缘云并行处理，可以看成将多个物品分别装入背包中。通过 P2 问题和图 5-4 的分析类比，P2 问题为多背包问题，且为 0-1 背包问题。多背包问题是 NP 难问题，同理，问题 P2 为 NP 难问题。

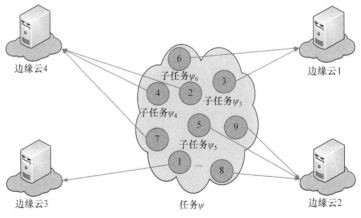

图 5-4　子任务处理模式情景图

在本章中，当任务是以依赖关系为导向的应用(CPOA)所产生时，由于子任务 ψ_s 的划分依据任务 ψ 内部的依赖关系，因此子任务的划分不是任意的，子任务的数据量是有一定限制的，是不可以任意分块的。这就导致了在时延要求内，处理完任务所需的最佳计算频率与处理设备的实际处理能力存在一定的偏差，从而导致达不到最优解，因此，采用启发式搜索算法来解决本章中的问题。针对本章所要解决的问题，随着用户设备的升级，其产生的待处理任务数据量将越来越大，划分的子任务将更加细粒化，从而多背包问题的规模将进一步扩大。因此，本章使用二进制差分进化算法来解决本章中的问题。

5.3.2　差分进化算法

在本节中，针对本章提出的最小消耗问题，引入差分进化算法来解。首先，介绍如何利用差分进化算法来解决本章提出的问题，随后对差分进化算法进行改进。

差分进化算法是一种非常著名的进化计算算法，在很多领域都得到了应用。差分进化算法主要解决连续函数的优化问题。本章引入二进制差分进化算法来解决 P2 中的问题。首先，针对本章中的问题，设计二进制差分进化算法的编码格式。在求解多背包问题的二进制差分进化算法中，每个子任务 ψ_s 所对应的子策略集 $A_s = \{a_{s,0}, \cdots, a_{s,e}, \cdots, a_{s,E}\}$ 代表一个多背包问题的解。对于每个子任务 ψ_s，引入概率向量 $V_s = v_{s,e}$ 来表示每个子任务对每个卸载策略的选择概率。在算法初始阶段，每个子任务对每个卸载策略的选择概率随机生成，且 $0 \leqslant v_{s,e} \leqslant 1$。子任务对每个策略的卸载决策(是否通过该策略进行处理) $a_{s,e}$，由其所对应的卸载策略选择概率决定。具体的转换规则如下：

$$a_{s,e} = \begin{cases} 1, & v_{s,e} \geqslant 0.5 \\ 0, & v_{s,e} < 0.5 \end{cases} \tag{5-19}$$

差分进化算法包括变异、交叉和选择三个步骤。在二进制差分进化算法中，对每个个体(子任务)的概率向量 V_s 进行变异操作，变异公式如下：

$$V_t = V_1 + \eta(V_2 - V_3) \tag{5-20}$$

其中，V_1、V_2、V_3 是与当前个体(子任务)不同的其他三个子任务的概率向量；$\eta(0 \leqslant \eta \leqslant 1)$ 是一个变异因子，临时个体 t 的概率向量 $V_t = [v_{t,0}, \cdots, v_{t,e}, \cdots, v_{t,E}]$ 由式 (5-20) 得到。对于临时个体 t，同样通过式(5-19)得到临时个体的子任务卸载策略集 $A_t = \{a_{t,0}, \cdots, a_{t,e}, \cdots, a_{t,E}\}$。

在交叉操作中，采用类似于标准二进制差分进化算法中的二项式交叉[7]。首先，子任务的策略矩阵中每个个体都生成一个相应的随机数 $g(0 \leqslant g \leqslant 1)$，如果对应的个体生成的随机数小于交叉因子 $m(0 \leqslant m \leqslant 1)$，那么对应的个体就被保留；否则对应的个体将被临时个体对应的位置取代。详细的转换规则如下：

$$a_{s,e} = \begin{cases} a_{s,e}, & g < m \\ a_{t,e}, & g \geqslant m \end{cases} \tag{5-21}$$

在选择操作中，二进制差分进化算法采用与贪婪算法一样的方式执行选择操作。当前个体群中好的个体将会被保留，即在子任务卸载策略集 A_s 中，选择回报较高的策略 $a_{s,e}$ 作为子任务最终选择策略。具体操作如下：

$$a_{s,e} = \begin{cases} a_{s,e}, & \text{Reward}(a_{s,e}) \geqslant \text{Reward}(a_{t,e}) \\ a_{t,e}, & \text{Reward}(a_{s,e}) < \text{Reward}(a_{t,e}) \end{cases} \tag{5-22}$$

其中，$\text{Reward}(a_{s,e})$ 是本章中的优化问题 P2，对每个个体(子任务)均执行以上操作，直到所有个体都执行完毕，就可以得到所有子任务的卸载策略。

5.3.3　改进的差分进化算法

在 5.3.2 节中，差分进化算法使用变异因子 η 和三个互不相同的个体所对应的策略选择概率向量 V_1、V_2、V_3 来生成临时个体 t 的概率向量 V_t，再根据临时个体 t 的概率向量 V_t 生成其所对应的卸载策略集 $A_t = \{a_{t,0}, \cdots, a_{t,e}, \cdots, a_{t,E}\}$。在这一过程中，设置一个合适的变异因子需要一定数量的训练才能达到，为了提高算法的收敛速度，本节采用"少数服从多数"的原则对算法进行改进。改进后的算法在执行变异操作时执行如下规则。

随机选择三个不同的个体，即随机选择三个不同的子任务 ψ_1、ψ_2、ψ_3，并获取三个不同子任务分别对应的卸载策略向量 $A_1 = \{a_{1,0}, \cdots, a_{1,e}, \cdots, a_{1,E}\}$，$A_2 = \{a_{2,0}, \cdots, a_{2,e}, \cdots, a_{2,E}\}$，$A_3 = \{a_{3,0}, \cdots, a_{3,e}, \cdots, a_{3,E}\}$。在这三个策略向量相同的位置上(相同的 e)，如果至少有两个等于 1，那么临时个体的同一位置就为 1。例如：如果 $a_{1,e}=1$，$a_{2,e}=1$，$a_{3,e}=0$，那么 $a_{t,e}=1$。相当于从群体中随机选择了 3 个不同的个体，如果在这三个个体的相同位置上都为 1，就说明在整个群体中这个位置为 1 的数量要多于为 0 的数量。根据"少数服从多数"的原则，临时个体在相同的位置上也取 1。上述变异操作也存在一些缺点：随着进化次数的增加，个体间的差异逐渐减小。那么新的个体将很难产生，这将导致算法停止变异。为了解决这个问题，在上述变异操作的基础上增加一个反向操作。当随机个体都是 1 或都是 0 时，随机进行反向操作。这样，即使所有的个体趋向于相同，仍然会有新的个体出现，这样算法就不会因为种群中没有新的个体而停止变异。改进后的算法步骤在算法 5-1 中说明。

算法 5-1　改进后的差分进化算法

1: 根据式(5-19)对子任务的策略进行编码，并生成相对的策略集 A_s；

2: 根据"少数服从多数"的原则执行变异操作，并生成临时个体 t 及其所对应的策略集 A_t；

3: 根据式(5-21)执行交叉操作，更新子任务的策略集 A_s；

4: 从子任务策略集中，选择可以使问题 P2 回报最大的子任务卸载策略 $a_{s,e}$.

在算法 5-1 中，第 1 步为算法的编码阶段。首先每个子任务根据其策略概率向量 V_s，利用式(5-19)进行编码，如果策略概率向量中的元素大于等于 0.5，则其元素所对应的策略取 1，反之取 0。通过编码，将连续优化问题转换为离散问题。第 2 步为算法的变异阶段。从所有的子任务策略概率向量中选取三个与当前不同个体所对应的策略概率向量。根据"少数服从多数"的规则，进行变异操作，即随机从个体中选出三个不同的个体，如果三个个体中有两个为 1，则临时个体的策略也取 1。当全部一样时，进行随机取样操作，从而生成临时个体 t，及其所对应的策略集 A_t。第 3 步为算法的交叉阶段。在这一阶段，根据式(5-21)执行交叉操作，更新子任务策略集 A_s。第 4 步为算法的选择阶段。当前个体通过以上操作得到一个新的策略向量。通过比较策略向量中每个策略的回报值，选出回报最大的策略作为最后要选取的策略。通过以上操作，每个子任务将得到一个确切的策略 a_s，对于全部的子任务将得到策略集 A。A 的具体内容如表 5-1 所示。算法的第 1 步到第 4 步均在对子任务的分配矩阵 $\Lambda \in R^{s \times (1+E)}$ 进行变化更新。通过不断的变化更新，得到最终的子任务分配矩阵，从而得到子任务策略集 A。子任务策略集 A 包含了每个子任务的处理策略，子任务根据其策略，将待处理任务通过其策略对应的设备(用户自身或边缘云)进行处理。

5.4　实验与分析

本节首先介绍实验中各个参数的属性值设置。之后，从多个角度分析该算法的时间开销和能量开销，实验结果表明该算法的性能消耗更加优越。

5.4.1　实验参数

在本章的实验中，待处理任务根据其内部依赖关系以及其他因素被划分为多个子任务，并使用改进后的差分进化算法将这些子任务通过边缘云和设备本身进行并行处理，分析在此过程中所消耗的时间和能量成本。用户设备 CPU 的频率 f_n 设置为 1.5GHz，常数因子 $\kappa = 10^{-26}$。在传输阶段，带宽 B 设置为 5MHz，用户设

备的上传功率 P_n^{up} 设置为 100mW，通道的平均信号增益 h_n 为 10^{-3}，传输信道噪声功率 ω_n 为 $10^{-9[8,9]}$。时间权重和能量权重初始化设置为 $\lambda_T = \lambda_E = 0.5$。对于边缘云的数量和每个边缘云的频率，将在下面的具体实验中指定。

5.4.2　性能分析

　　在本实验中，首先对子任务处理策略进行分析，以进一步明确子任务的并行处理方式。在图 5-5 中，首先对子任务的处理策略进行分析。在此实验中，假设边缘云个数为 10，任务分别被划分成 5 个子任务、20 个子任务、50 个子任务(在实际情况中，任务根据内部依赖关系或其他因素划分，此处对理想状态进行分析)，分别如图 5-5(a)～(c)所示。在图 5-5(a)中，任务被划分成 5 个子任务，子任务可以通过其自身或环境中的 10 个边缘云进行处理，子任务 1 将通过环境中的第 5 个边缘云进行处理。在图 5-5(b)中，任务被划分成了 20 个子任务，子任务 2 将通过第 6 个边缘云进行处理。在图 5-5(c)中，任务被划分成了 50 个子任务，子任务 3 将

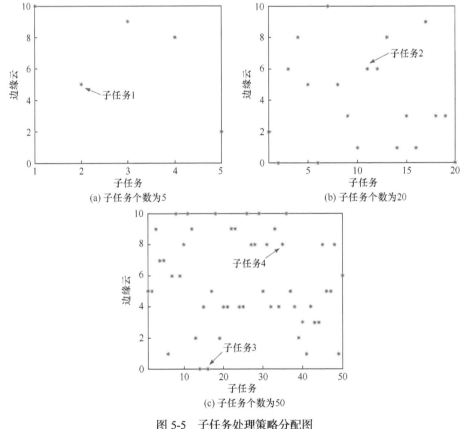

(a) 子任务个数为5

(b) 子任务个数为20

(c) 子任务个数为50

图 5-5　子任务处理策略分配图

* 子任务处理策略

通过其本身进行处理；子任务 4 将通过环境中的第 8 个边缘云进行处理。下面将对子任务处理过程中的时间消耗和能量消耗进行分析。

图 5-6 分析了子任务不同处理模式对时间和能量消耗的影响。图中的"Local"模式表示子任务均由设备本身处理。"Edge cloud"模式表示子任务均由边缘云处理，边缘云的频率为 $f_e = 80\text{GHz}$。"Local and one edge cloud"模式表示子任务由设备本身和一个边缘云协同并行处理。"Local and three edge cloud"模式表示子任务由设备本身和其他三个边缘云进行并行处理，三个边缘云的频率均为 80GHz。横坐标表示任务 ψ 被分成的子任务 $\psi_s (s \in S)$ 的个数。当横坐标为 1 时表示任务 ψ 没有被分割。当横坐标为 10 时表示任务 ψ 根据内部依赖关系或者其他因素被划分为 10 个子任务，即 $|S| = 10$。

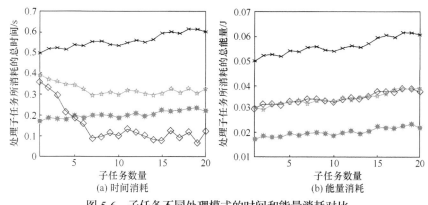

图 5-6　子任务不同处理模式的时间和能量消耗对比

-×-Local 　-*-Edge cloud 　-◇-Local and one edge cloud 　-☆-Local and three edge cloud

如图 5-6(a)所示，随着任务被划分成子任务数量的增加，模式"Local"和"Edge cloud"的时间消耗变化不大，这是因为不论任务被划分为多少块，任务的总大小都保持不变，并且在这两种模式下，子任务是一个一个执行的，不存在并行计算的情况，因此时间消耗变化不大。在模式"Local and one edge cloud"和"Local and three edge cloud"中，由于任务被划分为更多的子任务，用户设备周围的边缘云可以及时参与到这些子任务的处理中，从而形成多个处理节点并行处理的处理方式，随着子任务数量的增加，每个子任务的数据量降低，因此，处理时间在前期会随着任务数量的增加而降低。但随着子任务数量的进一步增加，当边缘云处理状态达到饱和时，任务的处理时间趋于稳定。如图 5-6(b)所示，随着任务被划分成子任务数量的增加，四种模式的能量消耗变化不大，这是因为不论任务 ψ 被分成多少子任务 $\psi_s (s \in S)$，其总的大小保持不变，因此处理这些子任务所消耗的总能量变化不大。

图 5-7 分析了不同的任务处理模式对时间和能量消耗成本的影响。需要注意

的是，在图 5-6 中，分析的是任务 ψ 被划分成子任务 $\psi_s(s \in S)$ 的数量，图 5-7 中分析的是处理任务 ψ 的数量。在图 5-7 中，"传统模式"是指任务在被处理之前没有进行划分，将整个任务的整体进行卸载处理；"本章模式"是指任务在处理前根据任务的内部依赖关系或者其他因素划分为多个子任务，之后这些子任务利用环境中多个边缘云和设备自身进行并行处理。

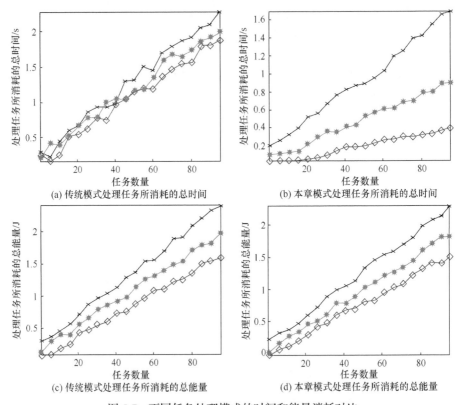

图 5-7　不同任务处理模式的时间和能量消耗对比

—×— Local and one edge cloud　—✳— Local and five edge cloud　—◇— Local and ten edge cloud

图 5-7(a)和(b)是针对时间消耗进行分析，在图 5-7(a)中，任务的处理时间随着任务数量的增加而增加。在图 5-7(b)中，尽管任务的时间成本也是随着任务数量的增加而增加，但是，在处理相同数量的任务时，其消耗的时间要少于传统模式。并且，随着附近边缘云数量的增加，处理任务所花费时间的增长速度也将相应降低。这是因为随着任务数量的增加，任务会被分成更多的子任务，这些子任务可以通过多个边缘云进行协同并行处理，就造成了环境中多个边缘的利用率得到了提高，这也造成了利用这种模式进行处理，在达到边缘云处理能力饱和前，任务的处理时间变化不大[10,11]；边缘云处理能力达到饱和之后，任务的处理时间会随着任务数量的增加而增加。在对能量消耗分析时，可以通过图 5-7(c)和(d)来

进行分析。可以从图中看出，在处理相同数量的任务时，所消耗的能量没有太大变化，这是因为不管任务被分成多少块，任务的总大小是一样的，所以在能量消耗方面没有太大的变化。

在图 5-8 中，分析比较了几种类似卸载算法的任务处理总时间消耗和总能量消耗。如图 5-8(a)所示，当任务数量为 20 时，本章算法需要消耗总时间为 0.321s，时钟漂移与偏移(clock drift and clock offset,CDCO)算法需要消耗总时间为 0.354s，MAUI+Random 算法需要消耗总时间为 0.376s，Random 算法需要消耗总时间为 0.395s。当任务数量达到 100 时，本章算法需要消耗总时间为 1.190s，CDCO 算法消耗总时间为 1.226s，MAUI+Random 算法需要消耗总时间为 1.242s，Random 算法消耗总时间为 1.292s。实验结果表明，在处理相同数量的任务时，本章算法消耗的总时间最少。在图 5-8(b)中，当任务数为 20 时，本章算法消耗总能量为 0.712J，CDCO 算法消耗总能量为 0.767J，MAUI+Random 算法消耗总能量为 0.819J，Random 算法消耗总能量为 0.851J。当任务数为 100 时，本章算法消耗总能量为 2.372J，CDCO 算法消耗总能量为 2.391J，MAUI+Random 算法消耗总能量为 2.425J，Random 算法消耗总能量为 2.589J。根据实验结果，在处理相同数量的任务时，本章算法与其他算法所消耗的总能量没有太大变化。

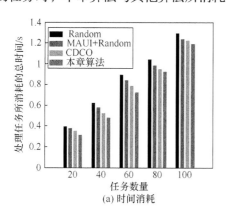 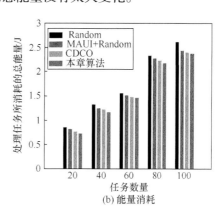

图 5-8　类似算法的时间和能量消耗对比

现在，针对本章的实验结果进行分析。Random 算法是用户设备本身和边缘云随机处理子任务。MAUI+Random 算法首先确定任务是由用户设备还是由边缘云处理，然后随机选择一个边缘云处理子任务。CDCO 算法引入了队列通过最小化平均队列长度来确定任务处理方案，因此 CDCO 算法要好于前两种算法。本章算法更加注重子任务的细粒度化，以及子任务与边缘云的处理适配问题，因此所需时间优于以上算法。然而，不管任务被分为多少个子任务，子任务的总大小保持不变，所以能源消耗方面较其他算法没有太大的变化。因此可以得出结论，通过使用本章中的任务处理模式以及算法来处理任务，其任务处理时间将进一步降低。

5.5　本章小结

本章针对如何提高边缘云计算资源整体利用率的问题，研究了如何将可分的任务根据内部组件间的依赖关系划分为多个子任务，并利用环境中的多个边缘云和用户设备自身进行协同并行处理，以提高边缘云计算资源的整体利用率，降低任务处理时延。针对该研究问题，通过启发式算法中的差分进化算法来解决，该算法与遗传算法类似，通过变异、交叉、选择三个核心步骤产生较优的策略，并对该算法的交叉过程进行改进，通过改进后的算法解决子任务并行处理的问题。此外，通过实验验证了改进算法可以为子任务并行处理提供可行的处理方案，使得任务处理时延降低，任务处理效果显著提升。

参 考 文 献

[1] Al-Dhuraibi Y, Paraiso F, Djarallah N, et al. Elasticity in cloud computing: State of the art and research challenges[J]. IEEE Transactions on Services Computing, 2018, 11(2): 430-447.

[2] Xu X L, Liu Q X, Luo Y, et al. A computation offloading method over big data for IoT-enabled cloud-edge computing[J]. Future Generation Computer Systems, 2019, 95: 522-533.

[3] Alameddine H A, Sharafeddine S, Sebbah S, et al. Dynamic task offloading and scheduling for low-latency IoT services in multi-access edge computing[J]. IEEE Journal on Selected Areas in Communications, 2019, 37(3): 668-682.

[4] Wang S Q, Tuor T, Salonidis T, et al. Adaptive federated learning in resource constrained edge computing systems[J]. IEEE Journal on Selected Areas in Communications, 2019, 37(6): 1205-1221.

[5] Xu J, Chen L L, Zhou P. Joint service caching and task offloading for mobile edge computing in dense networks[C]//IEEE Conference on Computer Communications Washington: IEEE Computer Society, Honolulu, 2018: 207-215.

[6] Chen M, Li W, Fortino G, et al. A dynamic service migration mechanism in edge cognitive computing[J]. ACM Transactions on Internet Technology, 2019, 19(2): 30.

[7] 吴聪聪, 赵建立, 刘雪静, 等. 改进的差分演化算法求解多维背包问题[J]. 计算机工程与应用, 2018, 54(11): 153-160.

[8] 刘家骏, 刘大瑾. 混合差异演化算法求解多维背包问题[J]. 计算机与数字工程, 2011, 39(1): 10-13.

[9] Mazouzi H, Achir N, Boussetta K. DM2-ECOP: An efficient computation offloading policy for multi-user multi-cloudlet mobile edge computing environment[J]. ACM Transactions on Internet Technology, 2019, 19(2): 24.

[10] Merlino G, Dautov R, Distefano S, et al. Enabling workload engineering in edge, fog, and cloud computing through openstack-based middleware[J]. ACM Transactions on Internet Technology, 2019, 19(2): 1-28.

[11] Wang T, Luo H, Jia W J, et al. MTES: An intelligent trust evaluation scheme in sensor-cloud-enabled industrial internet of things[J]. IEEE Transactions on Industrial Informatics, 2020, 16(3): 2054-2062.

第6章 一种基于随机优化的计算卸载策略

为了提高本地移动设备的计算性能，降低用户的计算成本，本章从减少任务时延、优化卸载决策的角度进行研究。通过优化本地移动设备上任务的卸载策略、减少任务积压，以实现用户计算成本的最小化。通过对卸载算法的大量学习，为实现任务的快速处理，本章利用李雅普诺夫理论，提出一种基于背压算法的最小化延迟的计算卸载策略。实验结果也证明该算法在减小计算时延方面优于其他对比方法。

6.1 引　　言

智能技术在物联网(internet of things，IoT)中的快速发展，推动了人脸识别、无人驾驶汽车等具有高延迟要求的新型移动应用的快速增长。这些移动应用程序通常需要实时响应和大量的计算资源。然而，本地用户端条件有限，导致其自身不足更加明显。因此，针对敏感型任务，如何提高计算效率是最主要的研究问题，并在近年来受到了广大研究人员的重点关注。与传统的云计算不同，纠错码(error correction code，ECC)应用前景更加广阔，它更适合处理有高延迟要求的敏感型任务，不仅能保证服务质量，还可以降低用户的成本。

近年来，ECC 系统中的卸载问题迎来了研究热潮。计算卸载将任务从本地设备迁移到边缘云进行处理，通常是从计算资源有限的设备迁移到资源丰富的云处理器。然而，单用户终端多边缘处理器的卸载框架已无法满足智能设备的快速增长。因此，出现了大量关于多用户设备和多边缘处理器卸载问题的研究。

为解决以上所述问题，本章研究一个将随机优化方法[1]和背压算法[2]相结合的卸载策略。首先，考虑一个敏感型任务随机到达的繁忙队列系统，该系统包括多个本地设备任务队列和多个边缘处理器任务队列。敏感型任务是指那些具有截止期限和低延迟要求的任务。然后利用李雅普诺夫漂移优化理论[1]最小化各个时间槽上任务的队列长度，保证系统的稳定性。此外，针对敏感型任务提出一种卸载算法，即基于背压算法的最小化延迟的计算卸载(back-pressure-based minimize delay computing offloading，BMDCO)算法，以获得任务的卸载决策和可卸载的任务数量。BMDCO 算法不仅考虑了任务的延迟，还考虑了任务队列的积压，从而对敏感任务的计算延迟进行了优化。

6.2　系统模型与问题定义

　　本节重点对本章所提出的队列系统模型进行详细分析，主要包括网络模型和队列动态性两部分，此外还构造了该队列系统的优化问题。

6.2.1　系统模型

　　本章考虑一个任务随机繁忙到达的队列系统，该队列系统包含多个本地智能设备和多个边缘处理器。本章所阐述的系统模型如图 6-1 所示。为了更好地描述该模型，假设系统的本地设备都连接到交流电(alternating current，AC)。本地设备是指那些具有不同处理速度的用户设备，这些设备有许多对延迟要求高的敏感型任务，并且计算能力有限。在该边缘云计算系统中，将与边缘处理器相关联的基站 m 记为集合 M，它们都具有不同的处理速度。本章考虑三种类型的基站，即 LTE eNB、eLTE eNB 和 NR gNB。另外，假设远程云具有无限的计算能力，可以同时执行多个任务，因此，任务在远程云中的计算可以忽略计算延迟，只考虑传输时延。

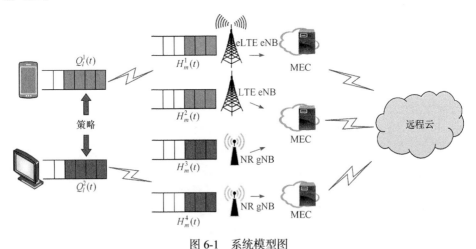

图 6-1　系统模型图

1. 本地设备与任务

　　设 $\mathcal{L}$ 是 L 个本地设备的集合，计算任务被标识为 N 个任务节点，任务集合记作 $\mathcal{N}$。在本章中，本地设备上的任务可以在本地执行，称为本地计算，也可以从本地设备卸载到边缘处理器上执行，称为边缘计算。假设本地设备的传输功率是固定的，本地设备上的计算任务不能划分为子任务执行，并且本地设备上的任务 i 必须在截止日期 F_i 之前完成。在该系统中，定义时间 t 为持续时间 τ 的时间槽，

并设 $\mathcal{T}$ 为时间槽中索引的集合。

在本章中,为每个任务 i 定义它的卸载决策,以指示该任务在何处执行。任务卸载决策变量用 $y_{lm}^i(t) \in \{0,1\}$ 表示,其中 $t \in \mathcal{T}$, $i \in \mathcal{N}$, $l \in \mathcal{L}$, $m \in \mathcal{M}$。具体来说,如果 $y_{lm}^i(t) = 0$,那么任务 i 将在时间槽 t 时本地设备 l 上计算,否则,任务 i 将被卸载到 gNB m 上执行。需要注意的是,一个任务不能同时在本地设备和边缘处理器上进行处理。

2. 本地计算模型

对于第一种情况,本地设备上的任务在本地计算。用 f_l 表示有任务到来的本地设备 l 的 CPU 周期频率。根据 DVFS 技术,可以通过调整 CPU 周期频率来改变本地设备的计算速率。因此,定义在时间槽 t 内任务 i 在本地设备 l 上的计算速率为

$$v_l^i(t) = \eta_l^i(t) f_l \tag{6-1}$$

其中,$\eta_l^i(t)$ 为比例因子,表示任务 i 在本地设备 l 上执行时其实际的计算能力比率。假设在这个队列系统中,每个任务都有相同的大小,将计算每个任务所需的 CPU 周期数定义为 C_l^i,则任务 i 在本地设备 l 上处理的计算时延为

$$t_l^i = \frac{C_l^i}{v_l^i(t)} \tag{6-2}$$

注意,由于假设本系统中本地设备连接的是交流电,本章暂时不考虑任务的执行能耗。

3. 边缘计算模型

在第二种情况下,任务被卸载至边缘云进行计算。它包括两个过程:从本地设备到边缘处理器的卸载链路上的传输过程和在边缘云中边缘处理器上的计算过程。首先,定义 $h_{lm}^i(t)$ 为任务 i 从本地设备 l 卸载到边缘处理器 m 在时间槽 t 上的信道增益,ρ_{lm}^i 为任务 i 从本地设备 l 卸载到边缘处理器 m 的传输功率。在时间槽 t 中,从本地设备 l 卸载到边缘处理器 m 的任务 i 的传输速率可以表示为

$$v_{lm}^i = \omega \log_2 \left(1 + \frac{\rho_{lm}^i h_{lm}^i(t)}{\sigma_{lm}^i} \right) \tag{6-3}$$

其中,ω 为该队列系统中链路信道的传输带宽;σ_{lm}^i 为任务 i 使用的信道加性高斯白噪声功率,进一步定义系统中信道的最大传输速率,用符号表示为 $v_{lm}^{\max}(t)$。此外,由于任务的大小相同,将每个任务需要计算的数据量定义为 D_i,则任务 i 从

本地设备 l 到边缘处理器 m 的传输时延为

$$t_{lm}^i = \frac{D_i}{v_{lm}^i(t)} \tag{6-4}$$

另外，将 f_m 表示为边缘处理器 m 的计算能力，C_{lm}^i 表示任务 i 从本地设备 l 卸载至边缘处理器 m 上处理所需的 CPU 周期数。那么在时间槽 t 上，任务 i 在边缘处理器 m 上的计算速率为

$$v_m^i(t) = \eta_m^i(t) f_m \tag{6-5}$$

其中，$\eta_m^i(t)$ 为实际处理能力的比值，则边缘处理器 m 上卸载任务 i 的计算延迟为

$$t_m^i = \frac{C_{lm}^i}{v_m^i(t)} \tag{6-6}$$

6.2.2 队列动态性

在本章中，定义本地设备和边缘处理器上的任务都存储在队列中。计算卸载的队列系统模型如图 6-1 所示。假设本地设备和边缘处理器一次只能执行一个任务，其他任务在各自的队列中等待。然后使用卸载算法确定计算任务是在本地执行还是卸载到边缘云进行处理，以提高用户的性能。下面给出模型中队列构造的详细描述。

设 $Q_l^i(t) \in [0,\infty)$、$H_m^i(t) \in [0,\infty)$ 分别为在时间槽 t 中本地设备 l 和边缘处理器 m 上的任务 i 的队列，用于存储本地设备或边缘处理器需要计算的任务。另外，定义 $A_l^i(t)$ 为在时间槽 t 内需要在本地设备 l 上进行处理的随机到达的任务，并假设它是独立同分布的(independent and identically distributed，IID)，平均值为 $E[A_l^i(t)] = \lambda_l^i$，其中 λ_l^i 为任务 i 在本地设备 l 上的平均到达率。那么，在相邻的时间槽中，本地设备上任务队列的动态性由式(6-7)给出：

$$Q_l^i(t+1) = \left[Q_l^i(t) - v_l^i(t) - \sum_{m=1}^{M} y_{lm}^i(t) v_{lm}^i(t) \right]^+ + A_l^i(t) \tag{6-7}$$

其中，$[\cdot]^+ = \max\{\cdot, 0\}$。式(6-7)中的第一项表示当前本地设备队列中剩余未执行的任务，该项的定义为本地设备队列的长度减去本地可以计算的任务与将卸载到边缘云的任务的总和。

另外，将队列在每个边缘处理器上的动态性表示为

$$H_m^i(t+1) = [H_m^i(t) - v_m^i(t)]^+ + \sum_{l=1}^{L} y_{lm}^i(t) v_{lm}^i(t) + A_m^i(t) \tag{6-8}$$

其中，$A_m^i(t)$ 表示在时间槽 t 内边缘处理器上随机到达的任务量，平均值为 $E[A_m^i(t)] = \lambda_m^i$。式(6-8)的第一项为时间槽 t 中边缘处理器队列上未计算的任务，第二项为本

地设备卸载到边缘处理器的任务。最后两项的总和表示了时间槽 t 中边缘云上所有新到达的任务。

式(6-7)中的本地设备队列动态性与式(6-8)中边缘处理器队列之间存在耦合关系，即本地设备队列上任务的离开是某一个边缘处理器队列上任务的到达。为了使系统更加真实，定义边缘云上新到达的任务为 $A_m^i(t)$，它表示边缘处理器从其他地方接收到的或者本身要处理的任务。并且由于处理器的处理速度很快，可认为该项不会影响这一耦合关系。该关系还可以等价定义为

$$Q_{\text{tot}}^i(t) = Q_l^i(t) + H_m^i(t) \tag{6-9}$$

其中，$Q_{\text{tot}}^i(t)$ 表示时间槽 t 内的任务总数。也就是说，时间槽 t 内任务的总数量等于本地设备与边缘处理器上的任务数之和。

6.2.3　问题定义

在该部分，定义了该队列模型的优化问题。首先，根据李雅普诺夫优化理论，构造一个关于队列 $Q_l^i(t)$ 和 $H_m^i(t)$ 的二次方程，它将本章所考虑系统中起关键作用的控制队列，即所有本地设备上的队列以及每个边缘处理器上的队列都结合了起来。该李雅普诺夫函数表示如下：

$$V(t) = \frac{1}{2}\sum_{l=1}^{L}\sum_{i=1}^{N}[Q_l^i(t)]^2 + \frac{1}{2}\sum_{m=1}^{M}\sum_{i=1}^{N}[H_m^i(t)]^2 \tag{6-10}$$

由于队列都是非负的，所以式(6-10)是一个严格递增的函数。为保证该系统中不会出现某个队列有无限大的情况，即所有队列是有界的，定义李雅普诺夫漂移函数为

$$\Delta(t) = E[V(t+1) - V(t) \mid Z(t)] \tag{6-11}$$

其中，$Z(t) = (Q_l^i(t); H_m^i(t))$ 是时间槽 t 中本地设备和边缘处理器上的队列向量。

通过最小化式(6-11)，可以最小化每个时间槽上队列的任务积压，同时可以保证系统中所有队列的稳定性。因此，给出该李雅普诺夫漂移优化问题的定义，表示如下：

$$\max_{y_{lm}^i(t)\in\{0,1\}} \sum_{l=1}^{L}\sum_{i=1}^{N}Q_l^i(t)\left(v_l^i(t) + \sum_{m=1}^{M}y_{lm}^i(t)v_{lm}^i(t) - A_l^i(t)\right)$$
$$+ \sum_{m=1}^{M}\sum_{i=1}^{N}H_m^i\left(v_m^i(t) - \sum_{l=1}^{L}y_{lm}^i(t)v_{lm}^i(t) - A_m^i(t)\right) \tag{6-12}$$

$$\text{s.t.}\quad \text{(a)}\, y_{lm}^i(t) \in \{0,1\}$$
$$\text{(b)}\, Q_{\text{tot}}^i(t) \leqslant Q_{\max}(t)$$
$$\text{(c)}\, v_{lm}^i(t) \leqslant v_{lm}^{\max}(t)$$
$$\text{(d)}\, t_l^i, t_{lm}^i + t_m^i \leqslant F_i$$

其中，$Q_{\max}(t)$ 表示队列可以接受的最大任务数。这些约束条件的含义分别如下：约束 (a) 表示任务的卸载决策变量只能为 0 或 1；约束 (b) 保证了在时间槽 t 内队列系统中每个队列的任务总数不得超过队列可以接受的最大任务数量；约束 (c) 表示任务的传输速率不能超过本系统的最大信道传输速率；约束 (d) 代表任务无论是在本地执行还是在边缘云进行处理，其完成时间必须在每个任务的截止日期之内。

式 (6-12) 是最小化李雅普诺夫漂移 $\varDelta(t)$ 得到的。求解该优化问题，可以使每个时间槽 t 内任务的平均队列长度最小，同时实现队列稳定性。该漂移优化问题详细的证明过程如下。为了得到敏感型任务的卸载决策以及能够卸载的任务数量，提出一种 BMDCO 算法，在保证所有队列稳定性的情况下也能最小化平均队列长度。

证明　根据式 (6-7) 与文献 [2] 中的引理 7，得到一个关于本地设备队列 $Q_l^i(t)$ 的不等式如下：

$$\frac{1}{2}[(Q_l^i(t+1))^2 - (Q_l^i(t))^2] \leqslant B_1 - Q_l^i(t)\left(v_l^i(t) + \sum_{m=1}^{M} y_{lm}^i(t)v_{lm}^i(t) - A_l^i(t)\right) \quad (6\text{-}13)$$

其中，$B_1 = \frac{1}{2}\left[\left(v_l^i(t) + \sum_{m=1}^{M} y_{lm}^i(t)v_{lm}^i(t)\right)^2 + (A_l^i(t))^2\right]$。同样，根据式 (6-8)，也可以得出

$$\frac{1}{2}[(H_m^i(t+1))^2 - (H_m^i(t))^2] \leqslant B_2 - H_m^i(t)\left(v_m^i(t) - \sum_{l=1}^{L} y_{lm}^i(t)v_{lm}^i(t) - A_m^i(t)\right) \quad (6\text{-}14)$$

其中，$B_2 = \frac{1}{2}\left[(v_m^i(t))^2 + \left(\sum_{l=1}^{L} y_{lm}^i(t)v_{lm}^i(t) + A_m^i(t)\right)^2\right]$。

根据上述两个结论，将式 (6-13) 与式 (6-14) 相加，并在 $i \in \{1,2,\cdots,N\}$，$l \in \{1,2,\cdots,L\}$ 和 $m \in \{1,2,\cdots,M\}$ 上取期望值，则能够得到李雅普诺夫漂移如下：

$$\varDelta(t) \leqslant B - E\left[\sum_{l=1}^{L}\sum_{i=1}^{N} Q_l^i(t)\left(v_l^i(t) + \sum_{m=1}^{M} y_{lm}^i(t)v_{lm}^i(t) - A_l^i(t)\right)\right]$$
$$- E\left[\sum_{m=1}^{M}\sum_{i=1}^{N} H_m^i\left(v_m^i(t) - \sum_{l=1}^{L} y_{lm}^i(t)v_{lm}^i(t) - A_m^i(t)\right)\right] \quad (6\text{-}15)$$

其中，B 是一个有限常数，且 $B = \sum_{l=1}^{L}\sum_{i=1}^{N} E[B_1] + \sum_{m=1}^{M}\sum_{i=1}^{N} E[B_2]$。根据以上所阐述的对公式的推论，即可得出最小化李雅普诺夫漂移函数 $\varDelta(t)$，即等价于最大化式 (6-12)。

6.3 BMDCO 算法

BMDCO 算法以最小化任务时延、提高本地智能设备的计算性能为基础，主要针对有截止日期的敏感型计算任务。为了更好地描述该算法，首先详细地描述其主要步骤，并进一步阐述该算法的性能，给出相关的理论分析。

6.3.1 算法分析

在该队列系统中，任务 i 的卸载决策必须满足它的计算截止期限 F_i。为了防止系统为了满足任务完成期限而将所有任务都卸载至边缘云上进行处理，该算法不仅考虑了任务执行时的计算时延，还考虑了队列中任务的积压情况。针对本章的优化问题，提出 BMDCO 算法。具体内容见算法 6-1。其中，算法的主要步骤描述如下。

算法 6-1 BMDCO 算法

输入：N、L、M、τ、T、D_i、C_l^i、C_{lm}^i、F_i、$Q_l^i(0)$、$H_m^i(0)$；

输出：任务卸载决策 $\{y_{lm}^i(t)\}$ 与卸载的任务数量 $\{y_{lm}^i(t)v_{lm}^i(t)\tau\}$；

1:　初始化目标队列系统；

2:　**while** $t = 0$ to T **do**

3:　　　**for** $i = 1$ to N **do**

4:　　　　　根据式(6-2)计算 t_l^i；

5:　　　　　根据式(6-4)与式(6-6)计算 $t_{lm}^i + t_m^i$；

6:　　　　　**if** $t_{lm}^i + t_m^i \leqslant t_l^i$ **then**

7:　　　　　　$i \in S$；

8:　　　　　**else**

9:　　　　　　$y_{lm}^i(t) = 0$ {任务 i 在本地设备执行}；

10:　　　　　**end if**

11:　　　　**for** $i \in S$ **do**

12:　　　　　　根据式(6-16)计算 $W_{lm}^i(t)$；

13:　　　　　　根据式(6-17)找出任务卸载到的边缘处理器；

14:　　　　　　设置 $y_{lm}^i(t) = 1$ {任务 i 在边缘云执行}；

15:　　　　　　得出任务的卸载数量；

16:　　　　**end for**

17:　　　　　**if** $(t_l^i + \mathrm{wait}_l^i(t)) > F_i \parallel (t_{lm}^i + t_m^i + \mathrm{wait}_m^i(t)) > F_i$　**then**

18:　　　　　　　执行回退操作；

19:　　　　　　　**return**

20:　　　　　**end if**

21:　　　**end for**

22:　　　根据式(6-7)与式(6-8)分别更新每个时间槽 t 内的任务队列 $Q_l^i(t)$、

$H_m^i(t)$；

23: **end while**

步骤 1　确定本地计算的任务。

对于该队列系统中有截止期限的任务，我们的目标是获得任务合适的卸载决策以最小化其计算时延。在这个步骤中，首先计算任务在本地执行或卸载到边缘云上进行处理的计算时延，然后比较结果。若任务在本地智能设备上的计算延迟最小，则该任务在本地设备上进行处理；如果任务在边缘云上的执行延迟小于在本地设备上的执行延迟，则将该任务放入集合 S 中，S 表示可能卸载的任务集合。

步骤 2　确定任务的卸载决策。

执行第一步之后，这一步骤的目标是为有截止期限的任务确定其计算卸载决策。本章利用背压算法来获得卸载决策。具体来说，对于集合 S 中任务的队列，定义 $W_{lm}^i(t)$ 为时间槽 t 中本地设备队列与边缘处理器队列的队列任务长度差，表示为

$$W_{lm}^i(t) = Q_l^i(t) - H_m^i(t) \tag{6-16}$$

相比于直接根据本地设备上的信息、任务的传输速率或者任务的随机到达率来确定任务的卸载决策，本章采用背压算法，以此来作为减少计算延迟的有效方法。然后，定义：

$$\{y_{lm}^i(t)\} = \underset{i \in S}{\arg\max}\, W_{lm}^i(t) \tag{6-17}$$

通过对式(6-17)的计算，即可得出任务卸载到的边缘处理器。在步骤 2 中，可以确定任务的最终卸载决策以及任务卸载到的边缘处理器 m。并且，根据卸载决策，可以得到能够卸载的任务数量。

在计算任务的时延之后，该步骤还考虑了在系统中本地设备队列或边缘处理器队列中任务的积压情况，从而能对任务作出更合适的决策，同时也能使任务的计算时延最小化。

步骤 3　可行性检查。

对于系统中要执行的所有任务，将它们的完成时间定义为执行时延和在本地设备或边缘处理器上的等待时延之和。对于任务 i，将其在时间槽 t 内在本地设备 l 和边缘处理器 m 上的等待延迟分别表示为 $\mathrm{wait}_l^i(t)$ 和 $\mathrm{wait}_m^i(t)$。它的计算方法是用任务 i 的队列长度除以相应的执行速度。然后检查任务的完成时间是否在截止期限 F_i 之内。如果是的话，执行相应的任务卸载决策来进行本地计算或卸载到边缘云，否则该策略无法做出可行的卸载决策，这时执行一个回退选项。回退选项指将任务直接卸载到远程云上执行。尽管远程云的执行成本很高，但它拥有高速访问和无限的计算能力，以确保满足系统内任务 i 的最后期限，因此这个选项是可行的。

6.3.2　算法性能

定理 6-1　队列稳定性。假设该算法的性能与最优解的比为 $\dfrac{1}{1+\theta}$，那么相应的容量区域将减少 $\dfrac{1}{1+\theta}\lambda_m I$，其中，$\lambda_m$ 是对所有 $i\in N, l\in L$ 的最大到达率。则平均队列长度满足

$$\lim_{T\to\infty}\frac{1}{T}\sum_{t=1}^{T}\sum_{m=1}^{M}\sum_{i=1}^{N}H_m^i(t)\leqslant\lim_{T\to\infty}\frac{1}{T}\sum_{t=1}^{T}\sum_{l=1}^{L}\sum_{i=1}^{N}Q_l^i(t)\leqslant\frac{(1+\theta)B_1}{\varepsilon-\dfrac{1}{1+\theta}\lambda_m} \tag{6-18}$$

其中，ε 是一个小的正常数。

定理 6-1 表示了系统中队列的稳定性，其详细的证明过程如下所示。

证明　首先，设 $y_{lm}^{i^*}(t)$、$v_l^{i^*}(t)$、$v_{lm}^{i^*}(t)$ 代表式(6-12)的最优解，根据式(6-13)，可以得到

$$B_1+Q_l^i(t)A_l^i(t)\leqslant Q_l^i(t)\left(v_l^{i^*}(t)+\sum_{m=1}^{M}y_{lm}^{i^*}(t)v_{lm}^{i^*}(t)\right) \tag{6-19}$$

值得注意的是，如果每个任务平均到达率都满足式(6-19)，则所有任务平均到达率都满足队列稳定域 $\mathfrak{R}$。对于 $\mathfrak{R}$ 中所有的任务到达率，其平均执行率不应小于 λ_l^i 与 ε 的和。因此，可以得到李雅普诺夫漂移为

$$E\left[\sum_{l=1}^{L}\sum_{i=1}^{N}(Q_l^i(t+1))^2\right]-E\left[\sum_{l=1}^{L}\sum_{i=1}^{N}(Q_l^i(t))^2\right]$$

$$\leqslant 2B_1+\sum_{l=1}^{L}\sum_{i=1}^{N}2E[(Q_l^i(t)]\lambda_l^i-\sum_{l=1}^{L}\sum_{i=1}^{N}2E[(Q_l^i(t))](\lambda_l^i+\varepsilon)$$

$$\leqslant 2B_1-2\varepsilon\sum_{l=1}^{L}\sum_{i=1}^{N}E[(Q_l^i(t)] \tag{6-20}$$

然后在 $i \in \{1, 2, \cdots, N\}$ 范围上相加，并对 T 求极限，可得到

$$\lim_{T \to \infty} \frac{1}{T} \sum_{t=1}^{T} \sum_{l=1}^{L} \sum_{i=1}^{N} E[Q_l^i(t)] \leqslant \frac{B_1}{\varepsilon} \tag{6-21}$$

如果本章所提算法的性能与最优解的比为 $1/(1+\theta)$，那么就有

$$\sum_{l=1}^{L} \sum_{i=1}^{N} Q_l^i(t) \left(v_l^{i^*}(t) + \sum_{m=1}^{M} y_{lm}^{i^*}(t) v_{lm}^{i^*}(t) \right)$$

$$\leqslant (1+\theta) \sum_{l=1}^{L} \sum_{i=1}^{N} Q_l^i(t) \left(v_l^i(t) + \sum_{m=1}^{M} y_{lm}^i(t) v_{lm}^i(t) \right) \tag{6-22}$$

将式(6-22)代入式(6-19)，并求其期望，则可得

$$\frac{B_1}{1+\theta} + \frac{\displaystyle\sum_{l=1}^{L} \sum_{i=1}^{N} E(Q_l^i(t)) \lambda_l^i}{1+\theta} \leqslant \sum_{l=1}^{L} \sum_{i=1}^{N} Q_l^i(t) \left(v_l^i(t) + \sum_{m=1}^{M} y_{lm}^i(t) v_{lm}^i(t) \right) \tag{6-23}$$

由于所提算法的容量范围减小了 $\lambda_m / (1+\theta)$，即 $\mathfrak{R}' = \mathfrak{R} - \lambda_m I / (1+\theta)$，参数 $B_1' = (1+\theta)B_1$。因此，本地设备队列的平均队列长度应该满足

$$\lim_{T \to \infty} \frac{1}{T} \sum_{t=1}^{T} \sum_{l=1}^{L} \sum_{i=1}^{N} E[Q_l^i(t)] \leqslant \frac{(1+\theta)B_1}{\varepsilon - \dfrac{1}{1+\theta}\lambda_m} \tag{6-24}$$

在本章所考虑的队列系统中，由于本地设备队列和边缘处理器队列存在耦合关系，所以系统中本地设备队列中的任务数量将不小于边缘处理器队列。因此，可以得出

$$E\left[\sum_{t=1}^{T} \sum_{m=1}^{M} \sum_{i=1}^{N} H_m^i(t) \right] \leqslant E\left[\sum_{t=1}^{T} \sum_{l=1}^{L} \sum_{i=1}^{N} Q_l^i(t) \right] \tag{6-25}$$

由式(6-24)和式(6-25)，可得到定理6-1，即

$$\lim_{T \to \infty} \frac{1}{T} \sum_{t=1}^{T} \sum_{m=1}^{M} \sum_{i=1}^{N} H_m^i(t) \leqslant \lim_{T \to \infty} \frac{1}{T} \sum_{t=1}^{T} \sum_{l=1}^{L} \sum_{i=1}^{N} Q_l^i(t) \leqslant \frac{(1+\theta)B_1}{\varepsilon - \dfrac{1}{1+\theta}\lambda_m} \tag{6-26}$$

队列的不稳定性会增加任务在计算卸载过程中的计算延迟，这可能会导致系统中对延迟要求较高的计算任务处理失败。因此，本章通过推导出队列系统中所有的本地设备队列和边缘处理器队列都小于一个确定值，即它们都是有上界的，来分析该系统中队列的稳定性，从而证明 BMDCO 算法的稳定性。此外，由于本地设备队列和边缘处理器队列之间存在的耦合关系，即本地设备队列上任务的离开等于边缘处理器队列上任务的到达。因此，在定理6-1中，边缘处理器队列的队列长度不大于本地设备的队列长度，且它们都小于一个数值。

6.4　实验与分析

本节使用 MATLAB 编译器，通过数值实验来评估本章所提出的 BMDCO 算法的性能。使用处理器型号为 Intel i5 3.20GHz，内存为 8GB，Windows 10 操作系统的实验环境。在实验中，本地智能设备是随机分布的，且每个设备周边都有其可用的边缘处理器，边缘处理器也是均匀分布的，并假设远程公共云距离本地较远，成本最高。除此之外，假设本地上任务的随机到达服从泊松分布，所有设备和处理器的平均到达率相同。考虑每个设备上有 100 个计算任务到达，并设置任务大小为 500bit，计算一个任务所需的 CPU 周期数为 50M cycles。设定任务计算的完成期限 F_i 是 5s，本地终端设备的处理器频率为 0.5GHz、1.0GHz、1.2GHz、1.5GHz、1.8GHz、2.0GHz、2.5GHz、3.0GHz，并假设边缘处理器都有相同的计算能力。

为了使系统更贴合实际，设置比例因子 $\eta_l^i(t) = \eta_m^i(t) = 0.95$，噪声功率为 $\sigma_{lm}^i = -174\text{dBM/Hz}$[3]，带宽为 5MHz，信道增益为 0.1。信道增益随着用户与边缘云之间距离的改变而改变，传输功率等于 4mW。信道的最大传输速率定义为 $v_{lm}^{\max}(t) = 10^{10}\text{bit/s}$。另外，定义本地设备队列和边缘处理器队列上任务的初始值相同，用符号 Q 表示，并将 $Q_{\max}(t)$ 设为一个足够大的值，以保证该队列系统中本地设备上到来的任务都是可行的。本章其他的变量将在下面的详细分析中给出。

6.4.1　性能分析

本章通过调整迭代次数，推导该队列系统中所有队列的上界，证明 BMDCO 算法的稳定性，如图 6-2 和图 6-3 所示，分别代表本地设备队列和边缘处理器队列长度的稳定性。在图 6-2 和图 6-3 中，考虑 100 个任务，任务平均到达率服从参数 $\lambda = 6$ 的泊松分布。设本地设备的数量为 $L = 20$，边缘处理器数量为 $M = 3$，时间槽间隔长度 $\tau = 60\text{ms}$。另外，定义边缘处理器的频率为 35GHz，本地智能设备的频率从上面给定的频率值中进行选择。并定义任务队列长度初始值为 $Q = 1000$，迭代次数为 500。

图 6-2 显示了本地设备队列长度的稳定性。当迭代次数从 0 到 430 时，本地设备的平均队列长度呈现出快速且平滑的下降，在迭代次数为 150 时出现了一个小的平缓。产生这种现象的原因是，当本地设备上的任务到达时，本地设备根据卸载决策来确定这些任务的执行位置。此时，本地设备和边缘处理器有足够的计算资源，从而可以快速减少本地设备队列中的任务积压。然而，当本地设备需要将大量任务卸载到边缘云时，由于传输通道的容量限制或者边缘处理器队列中已

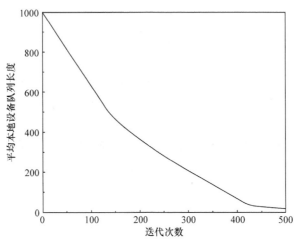

图 6-2　本地设备队列长度的稳定性

经存在大量等待计算的任务，因此，出现了较小的平缓状态。在迭代次数为 430
之后，队列的任务积压开始接近于一个数值(28 左右)，并在一定范围内波动，即
验证了本地设备队列长度的稳定性。

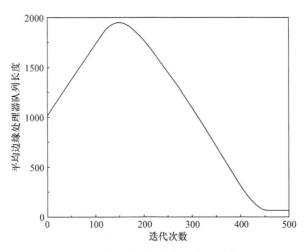

图 6-3　边缘处理器队列长度的稳定性

　　图 6-3 验证了该队列系统中边缘处理器队列长度的稳定性。该图呈现出先增加
后减少的趋势。当迭代次数从 0 到 150 时，本地设备上大量的任务被卸载至边缘云，
并且边缘云上还有任务需要被处理，因此边缘处理器队列中的任务积压量越来越
大。而在迭代次数为 150 后，边缘处理器队列的任务积压开始呈现下降的趋势。这
是因为边缘处理器在计算了大量从本地卸载的任务后，有了足够的计算资源并与本
地设备队列达到平衡，从而减少了该队列中积压的任务。最后，当迭代次数为 430

时，队列积压在一定范围内趋于平缓，从而验证了边缘处理器队列的稳定性。

6.4.2　性能对比

将 BMDCO 算法的性能与以下五种可替代算法进行对比。

(1) 只在本地执行(local execution，LE)：任务只在本地进行处理，则只考虑本地的状态信息。

(2) 只在边缘云执行(edge cloud execution，ECE)：算法将本地设备上的所有任务都卸载到边缘处理器进行计算，并通过考虑无线传输信道的速率、容量等，以及边缘云的状态信息来确定卸载决策。

(3) 随机计算卸载(random compute offloading，RCO)：该算法采用队列的方法，将任务存储在队列中，并随机生成任务的卸载决策矩阵，以确定任务执行的位置。

(4) 基于背压算法的计算卸载(back-pressure-based compute offloading，BPCO)：该算法考虑了一个队列系统，通过背压算法计算队列之间的任务积压差，从而确定任务的卸载决策。

(5) 封闭形式的延迟优化计算卸载(closed-form delay optimization compute offloading，CFDCO)：该算法在模型中采用了队列理论，并通过最小化平均能耗成本来决定任务的卸载决策。

本节主要对比本章所提出的 BMDCO 算法与其他五种算法的平均本地设备队列积压情况，分别对比性能：①任务的平均到达率；②时间槽间隔长度；③队列长度初始值；④本地设备数量；⑤边缘处理器数量；⑥边缘处理器频率。通过结果可以看出，BMDCO 算法在考虑任务计算延迟的情况下，还考虑了本地设备队列与边缘云队列之间的任务积压差，因此 BMDCO 算法的性能要优于其他算法。每种情况的详细性能对比描述如下。

在图 6-4～图 6-6 中，分别显示了随着任务到达率(泊松分布参数λ)、时间槽间隔长度以及队列长度初始值的变化，平均本地设备队列长度的变化情况。在这三种情况下，定义每个本地设备上都有 100 个任务到达，边缘处理器的 CPU 频率为 35GHz。并且，设置本地设备数量 $L = 20$，边缘处理器数量 $M = 3$。为便于实验数值上的比较，取迭代次数为 200。

在图 6-4 中，设$\tau = 60$ms，$Q = 1000$，可以观察到，随着λ的增加，BMDCO 算法的平均本地设备队列长度也因传输信道的速率、容量等约束而增加，但当λ较大时，BMDCO 算法明显优于其他算法。图 6-5 描述了当$\lambda = 6$、$Q = 1000$时，平均本地设备队列长度随着时间槽间隔长度变化而变化的情况。随着时间槽间隔长度的增加，BMDCO 算法能够计算的任务最多，相比于其他算法，该算法的本地设备队列长度最小。图 6-6 为改变队列长度初始值时本地设备队列长度发生的变

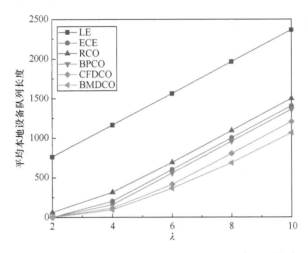

图 6-4　不同任务平均到达率下的平均本地设备队列长度

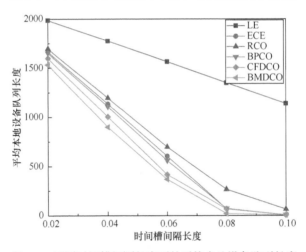

图 6-5　不同时间槽间隔长度下的平均本地设备队列长度

化。在其他条件相同的情况下，增大系统中所有队列长度的初始值，可以发现 BMDCO 算法的队列任务积压增长最慢。

　　另外，图 6-7～图 6-9 分别表示了在不同的本地设备数量、边缘处理器数量，以及不同边缘处理器频率的处理能力下，平均本地设备队列长度的变化情况。从这三个方面的比较结果来看，BMDCO 算法得到的性能效果最好。

　　当其他变量的定义相同时，图 6-7 研究了本地设备数量与平均本地设备队列长度之间的关系。从图中可以看出，ECE 算法具有相同的平均本地设备队列长度，这是因为任务只在边缘处理器上处理，与本地设备无关。另外，随着本地设备的增加，本章所提出的 BMDCO 算法的平均本地设备队列长度小于其他对比算法，性能最优。

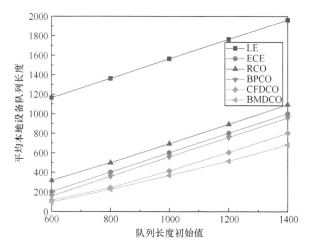

图 6-6　不同队列长度初始值下的平均本地设备队列长度

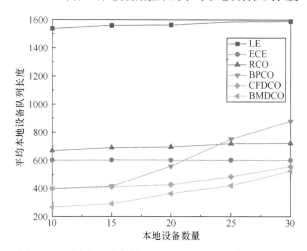

图 6-7　不同本地设备数量下的平均本地设备队列长度

图 6-8 描述了不同边缘处理器数量下的平均本地设备队列长度变化的情况。可以看出，CFDCO 算法几乎不受影响，因为它的目标是最小化系统中任务的能耗。它只计算本地以及传输过程中所产生的能耗，而不考虑边缘处理器的能耗。此外，LE 算法也不受影响，因为它只在本地进行计算。该图的结果表明 BMDCO 算法优于其他对比算法。

图 6-9 展示了在不同边缘处理器频率下的平均本地设备队列长度的变化。可以看出，LE、RCO 和 CFDCO 这三种算法的性能与边缘处理器计算能力的变化没有直接关系。而且信道的传输能力是一定的，因此 ECE 算法的性能受到的影响也较小。与 BPCO 算法相比，BMDCO 算法具有更好的性能。

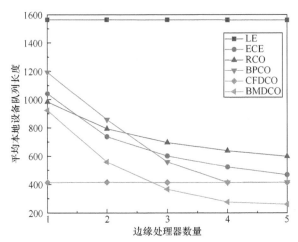

图 6-8　不同边缘处理器数量下的平均本地设备队列长度

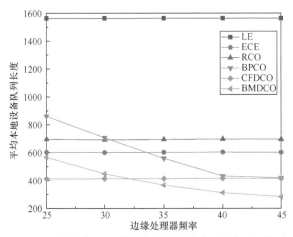

图 6-9　不同边缘处理器频率下的平均本地设备队列长度

从以上的对比实验结果可以得出，BMDCO 算法在自适应方面取得了良好的效果。该算法首先通过计算时延确定在本地执行的任务，其中计算时延会随着本地设备与边缘云之间距离的改变而改变；之后利用背压算法计算每个时间槽上队列中的任务积压差，以确定任务更合适的卸载决策；最后，根据队列的动态性公式在每个时间槽内都对任务的队列长度进行更新，得到各个队列中准确的任务积压情况，以进行下一任务卸载决策的确定。同时，实验结果也证明了该算法优于其他对比算法。

6.5　本 章 小 结

本章研究了在一个任务随机到达的繁忙队列系统中，敏感型任务的计算卸载问题，利用队列理论，充分考虑了任务的等待时延。在目前关于计算卸载的研究中，仍有一些研究没有考虑到等待时延，这可能会导致敏感型任务执行失败，等待时延在卸载过程中仍显得尤为重要。因此，本章利用李雅普诺夫优化方法使系统中所有队列的平均队列长度最小，实现了队列的稳定性。并在此基础上，提出了 BMDCO 算法，该算法在最小化敏感型任务计算延迟的同时，可以获得任务合适的卸载决策和卸载数量。同时，通过理论分析证明了 BMDCO 算法的稳定性。实验结果验证了队列的有界性，并比较了该算法与其他算法在不同条件下的性能对比。结果表明 BMDCO 算法的平均本地设备队列长度均小于其他算法，并能有效地减少用户延迟。此外，本章只对敏感型任务的计算时延进行分析，暂不考虑任务的能耗计算情况，但在接下来对任务计算卸载策略的设计过程中，将把任务的资源消耗情况考虑在内。

参 考 文 献

[1] Neely M J. Stochastic Network Optimization with Application to Communication and Queueing Systems[M]. San Rafael: Morgan & Claypool Publishers, 2010.

[2] Li C P, Modiano E. Receiver-based flow control for networks in overload[J]. IEEE/ACM Transactions on Networking, 2015, 23(2): 616-630.

[3] Zhang W W, Wen Y G, Wu J, et al. Toward a unified elastic computing platform for smartphones with cloud support[J]. IEEE Network, 2013, 27(5): 34-40.

第 7 章　一种基于 D2D 协作的计算卸载策略

为了最小化用户成本，第 6 章提出一种基于随机优化的计算卸载策略，该策略有效减少了本地设备上任务的计算时延。然而，随着智能终端设备的快速发展，将设备到设备(device-to-device，D2D)通信技术引入计算卸载中，通过联合对等设备与边缘处理器，对敏感型任务的执行代价进行计算，确定任务最优的处理位置，减少用户的计算成本。同时，利用随机优化技术，提出一种基于 D2D 协作的计算卸载策略，在最小化时延的基础上使任务的能耗达到最小，提高计算效率，并对本地设备、对等设备以及边缘处理器上的队列稳定性进行分析与证明，实验结果也证明本章所提卸载策略在减小用户成本方面的优越性。

7.1　引　　言

在如今万物互联的大背景下，许多新兴的计算密集型移动应用备受用户青睐，得到了快速发展。这些新兴的移动应用产生的任务也随之快速增加，且变得更加复杂，对时延的处理要求也越来越高。这就使得具有有限计算资源、电量以及存储能力的本地移动设备的弊端被放大，变得越来越明显，很难再满足这些应用的需求。因此，采用在边缘云中的计算卸载技术，将部分或者全部应用程序的敏感性任务传输到云上处理，以达到降低应用时延的目的，同时解决本地设备由自身弊端所带来的挑战。

近些年来，已有许多基于 D2D 通信技术的计算卸载策略的研究。D2D 技术作为近些年计算卸载的研究热点，通过将任务卸载至有空闲时间与资源的对等设备，从而为本地设备减小计算资源有限的压力。并且，相比于将计算任务卸载至边缘处理器所带来的传输距离、计算成本等问题，卸载到本地周围邻近的对等设备上处理有时反而更容易实现，更能提高用户本地设备的计算质量。但只在 D2D 框架下进行的卸载方案目前已经无法再满足用户对任务的高需求，因此，将 D2D 通信技术与边缘云计算相结合。在 D2D 技术的协助下，同时利用边缘处理器具有突出计算能力的优势，根据任务的实际需求，选择任务合适的执行位置。D2D 通信与边缘云计算两者相互合作，相互协商，以确保计算任务的高效执行，同时最小化用户代价。

基于以上阐述，本章结合 D2D 通信技术，联合边缘云与对等设备，设计一种基于 D2D 协作的计算卸载(D2D-based cooperative compute offloading, D-CCO)算法，通过对任务在不同处理器上进行计算所产生的代价进行协商，来确定任务最优的卸载决策。首先，利用随机优化[1]的方法建立一个队列系统，分别在本地设备、对等设备以及边缘处理器上建立队列，构造一个任务随机繁忙到达的队列系统模型。然后利用李雅普诺夫漂移理论[1]使每个时间槽上各个设备或处理器上的队列长度达到最小，同时保证该系统的稳定性。通过该卸载算法，可以获得任务最优的卸载决策以及在卸载过程中发送到各个执行位置的任务数量。该算法优化了任务的计算时延，同时还考虑了任务计算的等待时延，即每个队列中任务的积压情况，并在此基础上对能耗进行了优化，从而对计算敏感型任务所产生的执行代价进行优化，并提高本地用户任务计算卸载的整体运行效率。

7.2　系统模型与问题构造

本节主要对本章所提出的包含本地设备、对等设备以及边缘处理器的队列系统模型进行具体分析，并从任务模型、本地计算模型、卸载计算模型以及队列动态性四个方面展开阐述，最后给出本章的优化问题。

7.2.1　任务模型

本章考虑了一个有大量敏感型任务随机到达的联合 D2D 技术与边缘处理器的计算卸载系统，对单个用户设备、多个对等设备以及多个边缘云的任务卸载问题进行研究。在该系统中，用户设备在每个时间槽上都有大量对时延要求高的敏感型计算任务在等待处理，定义时间槽用 t 表示，每个时间槽的持续时间为 τ，并设置 $\mathcal{T}$ 为 T 个时间槽索引的集合。计算任务用 $i \in \{1,2,\cdots,N\}$ 来表示，设 $\mathcal{N}$ 是 N 个任务的集合，并假设每个任务都是一个整体，不能分割成任务块进行计算。任务卸载模型架构如图 7-1 所示。从图中可以看出，本地设备通过无线接入点与其他对等设备以及边缘云进行通信，通过卸载链路将任务卸载至最优的处理位置。同时，为贴合实际场景，对等设备及边缘云上都有其自身的任务需要处理。

当本地设备上运行了新的执行任务时，每个任务都可以选择是在本地设备、对等设备还是在边缘处理器中处理。为此，定义每个任务 i 的卸载决策，以标识任务在何处进行计算。卸载决策定义如下：

$$\begin{cases} y_{ld}^i(t), y_{lm}^i(t) \in \{0,1\} \\ y_{ld}^i(t) + y_{lm}^i(t) \in \{0,1\} \end{cases} \tag{7-1}$$

其中，$l \in \mathcal{L}, d \in \mathcal{D}, m \in \mathcal{M}$ 分别表示本地设备、对等设备以及边缘处理器；$y_{ld}^i(t)=1$ 表示任务 i 从本地设备 l 卸载至对等设备 d 进行处理，$y_{lm}^i(t)=1$ 代表任务 i 从本地

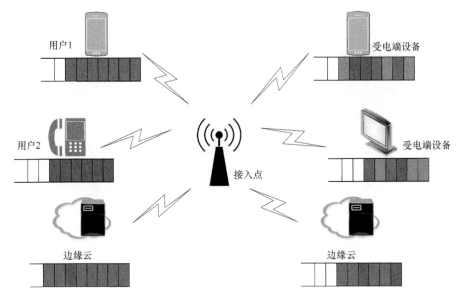

图 7-1　任务卸载模型架构

设备 l 卸载到边缘处理器 m 上执行，当 $y_{ld}^i(t)$、$y_{lm}^i(t)$ 都为 0 时，则表示任务 i 在本地设备 l 上处理，并且一个任务只能选择在一个处理器上进行处理，不能同时在本地设备、对等设备或者边缘处理器中的任意两者或三者上执行，因此 $y_{ld}^i(t)$、$y_{lm}^i(t)$ 不能同时为 1。若任务迁移至系统中其他的对等设备或边缘处理器上处理，则在计算完成后，假设相应的处理器将结果返回给本地设备的计算时延及能耗可忽略不计。此外，对于本地终端设备上到来的计算任务 i，用一个四元组 $\{D_i, C_l^i, C_{ld}^i, C_{lm}^i\}$ 来对其进行定义，其中 D_i 表示任务 i 自身需要进行处理的数据量大小，C_l^i、C_{ld}^i、C_{lm}^i 分别代表任务 i 在本地设备、其他的对等设备以及边缘处理器上计算所需要执行的 CPU 周期数量。

7.2.2　本地计算模型

在该系统中，本地设备具有不同的处理速率，同时设备本身的计算能力也是有限的。定义本地设备在每个时间槽内都有大量敏感型计算任务的到来，并设定本地设备的发送功率是固定的。对于系统中的本地设备，用符号 $l \in \{1, 2, \cdots, L\}$ 表示，$\mathcal{L}$ 为系统中所有本地设备的集合。并且，用 f_l 代表本地设备的计算能力，即本地设备每秒能够执行的 CPU 周期数(单位是 GHz/s)。基于 DVFS 技术，还可以通过调整该周期频率来对本地设备的计算速率进行改变，则在时间槽 t 内任务 i 在本地设备 l 上的执行速率为

$$v_l^i(t) = \eta_l^i(t) f_l \tag{7-2}$$

其中，$0 \leqslant \eta_l^i(t) \leqslant 1$，定义为任务 i 在本地设备 l 上执行时实际计算能力比率。假设在这个队列系统中，每个任务都有相同的大小，将计算每个任务所需的 CPU 周期数定义为 C_l^i，那么任务 i 在本地设备 l 上处理的计算时延 t_l^i 为

$$t_l^i = \frac{C_l^i}{v_l^i(t)} \tag{7-3}$$

另外，定义 ρ_l^i 表示任务 i 在本地设备 l 上处理时设备的处理功率，则任务 i 在本地设备 l 上计算所需要的能量消耗就可以表示为

$$e_l^i = t_l^i \times \rho_l^i \tag{7-4}$$

7.2.3　卸载计算模型

本地设备上的计算任务除了能在本地计算之外，还可以选择卸载给其他处理器进行处理，本节主要从将任务卸载到对等设备或边缘处理器这两个部分进行具体的阐述。首先是将任务卸载至其他对等设备的计算卸载模型，系统中的对等设备资源有限，但有充足空闲的计算资源。用 $d \in \{1, 2, \cdots, D\}$ 对其进行表示，对等设备的集合设为 $\mathcal{D}$。任务迁移到对等设备的计算时延主要包含两个阶段，分别是任务卸载到其他对等设备的链路传输时延以及在对等设备上的处理时延，计算结果返回给用户本地的计算时延忽略不计。本章定义 f_d 为对等设备 d 的计算能力，$v_{ld}^i(t)$ 表示将任务 i 从本地设备 l 卸载到对等设备 d 的数据传输速率，该速率的计算公式定义如下：

$$v_{ld}^i(t) = \omega \log_2 \left(1 + \frac{\rho_{ld}^i h_{ld}^i(t)}{\sigma_{ld}^i} \right) \tag{7-5}$$

其中，ω 为该队列系统中链路信道的传输带宽；ρ_{ld}^i 为从本地设备 l 迁移任务 i 到对等设备 d 的发送功率；$h_{ld}^i(t)$ 为从本地设备 l 到对等设备 d 信道的信道增益，噪声功率用 σ_{ld}^i 表示，其模型服从于加性高斯白噪声。

另外，定义 $v_{ld}^{\max}(t)$ 为从用户本地设备 l 到对等设备 d 的信道最大传输速率。由于任务大小相同，将每个任务需要计算的数据量定义为 D_i，那么，任务 i 从本地设备 l 卸载到对等设备 d 计算的传输时延 t_{ld}^i 则表示为

$$t_{ld}^i = \frac{D_i}{v_{ld}^i(t)} \tag{7-6}$$

同时，任务 i 迁移至其他对等设备处理的本地执行能耗定义为

$$e_{ld}^i = t_{ld}^i \times \rho_{ld}^i \tag{7-7}$$

此外，在时间槽 t 上，定义对等设备的计算能力为 f_d，则任务 i 在对等设备 d 上的计算速率为

$$v_d^i = \eta_d^i(t) f_d \tag{7-8}$$

其中，$\eta_d^i(t) \in [0,1]$，代表了任务 i 在对等设备 d 上执行时实际计算能力的比率，则任务 i 在对等设备 d 上的处理时延可以表示为

$$t_d^i = \frac{C_{ld}^i}{v_d^i(t)} \tag{7-9}$$

接下来，阐述任务卸载给边缘处理器的计算卸载模型。相比于本地设备及对等设备，边缘处理器具有突出的计算能力。将边缘处理器用符号表示为 $m \in \{1,2,\cdots,M\}$，处理器的集合同样设为 M，任务卸载至边缘云的总执行时延也包含了任务在卸载链路上的传输时延与在边缘处理器上的处理时延这两个部分。首先，定义任务在卸载计算通信过程中的传输速率。文中用 $v_{lm}^i(t)$ 表示本地设备 l 将任务发送给边缘处理器 m 的传输速率，公式为

$$v_{lm}^i(t) = \omega \log_2\left(1 + \frac{\rho_{lm}^i h_{lm}^i(t)}{\sigma_{lm}^i}\right) \tag{7-10}$$

其中，ρ_{lm}^i 为任务 i 从本地设备 l 卸载到边缘处理器 m 的传输功率；$h_{lm}^i(t)$ 是任务 i 从本地设备 l 到边缘处理器 m 在时间槽 t 上的信道增益；σ_{lm}^i 表示加性高斯白噪声的噪声功率。此外，进一步定义本地设备 l 到边缘处理器 m 的最大信道传输速率，用 $v_{lm}^{max}(t)$ 表示。则任务 i 从本地设备 l 卸载到边缘处理器 m 的传输时延定义为

$$t_{lm}^i = \frac{D_i}{v_{lm}^i(t)} \tag{7-11}$$

那么，该传输过程中本地设备所产生的能耗为

$$e_{lm}^i = t_{lm}^i \times \rho_{lm}^i \tag{7-12}$$

同时，定义时间槽 t 内任务 i 在边缘云 m 上的计算速率为

$$v_m^i(t) = \eta_m^i(t) f_m \tag{7-13}$$

其中，f_m 为边缘处理器的计算能力，$0 \leqslant \eta_m^i(t) \leqslant 1$ 是该边缘处理器实际处理能力的比率值。则任务 i 在边缘处理器 m 上的计算时延为

$$t_m^i = \frac{C_{lm}^i}{v_m^i(t)} \tag{7-14}$$

7.2.4　队列动态性

本节主要阐述队列的动态性表示，定义本地设备、对等设备与边缘处理器一

次只处理一个计算任务，其余任务都存储在各自的队列中等待。然后使用卸载算法决定任务在何处处理，以减小计算代价，同时提高用户的体验质量。该队列系统模型如图 7-1 所示。下面，将对该系统中队列的构造进行详细的描述。

首先，定义本地设备 l 上任务 i 在时间槽 t 中的队列为 $Q_l^i(t) \in [0,\infty)$，本地上所有需要计算的任务都储存在其中。同时，定义在每个时间槽 t 上本地设备都有随机到达的大量需要进行处理的计算任务，用符号 $A_l^i(t)$ 表示。假设它服从 IID 模型，并定义其平均值为 $E[A_l^i(t)] = \lambda_l^i$，$\lambda_l^i$ 表示本地设备 l 上任务 i 的平均到达率。则在相邻的时间间隔中本地设备队列的动态性公式如下：

$$Q_l^i(t+1) = \left[Q_l^i(t) - v_l^i(t) - \sum_{d=1}^{D} y_{ld}^i(t)v_{ld}^i(t) - \sum_{m=1}^{M} y_{lm}^i(t)v_{lm}^i(t) \right]^+ + A_l^i(t) \qquad (7\text{-}15)$$

其中，$[\cdot]^+ = \max\{\cdot, 0\}$。式中第一项表示本地设备当前剩余的未进行处理的计算任务，且由定义可知该项是非负的，具体表示为在时间槽 t 上任务队列的长度减去本地可处理的任务量与卸载到系统中其他对等设备以及边缘处理器上的任务之和。因此，该队列的定义构造即为本地设备上剩余的未执行任务与新到来任务的总和。

另外，定义 $H_d^i(t) \in [0,\infty)$ 为在时间槽 t 内对等设备 d 上任务 i 的队列表示，用于存储该对等设备上到来的计算任务，并定义 $A_d^i(t)$ 服从 IID，表示时间槽 t 中对等设备上任务的随机到达数量，平均值设为 $E[A_d^i(t)] = \lambda_d^i$，其中 λ_d^i 为对等设备 d 上任务的平均到达率。那么，将每个对等设备上队列的动态性定义表示如下：

$$H_d^i(t+1) = [H_d^i(t) - v_d^i(t)]^+ + \sum_{l=1}^{L} y_{ld}^i(t)v_{ld}^i(t) + A_d^i(t) \qquad (7\text{-}16)$$

其中，等式右边第一项表示对等设备上还在等待处理的任务，第二项表示从本地卸载到该对等设备上的任务，因此后两项之和表示该对等设备在时间槽 t 上任务总的新到来量。

最后，用 $H_m^i(t) \in [0,\infty)$ 来表示时间槽 t 中边缘处理器 m 上任务 i 的队列，该动态性公式可以表示为

$$H_m^i(t+1) = [H_m^i(t) - v_m^i(t)]^+ + \sum_{l=1}^{L} y_{lm}^i(t)v_{lm}^i(t) + A_m^i(t) \qquad (7\text{-}17)$$

其中，$A_m^i(t)$ 表示时间槽 t 中该边缘处理器上任务的随机到达量，假设它也服从 IID，并且定义 λ_m^i 为边缘处理器 m 上任务 i 的平均到达率，则平均值的表示即为 $E[A_m^i(t)] = \lambda_m^i$。式(7-17)中第一项为边缘处理器上还未进行处理的任务，后两项之和表示该处理器在时间槽 t 新到来的任务总和，其中第一项则为从本地卸载到该处理器的任务。

通过对以上所述的三种队列动态性的描述与分析，可以发现式(7-15)、式(7-16)与式(7-17)之间存在一定的耦合关系，即任务在本地设备队列上的离开就是系统中其他任一个对等设备队列或者边缘处理器队列上任务的到来。在该系统中，为了使其更贴合实际场景，定义每种队列中都有新到来的任务，这在计算任务的时延时有所体现。因此，假设该项不影响文中所阐述的耦合关系。另外，定义 $Q_{\text{tot}}^i(t)$ 为在时间槽 t 上该系统中任务的总和，并定义 $Q_{\max}(t)$ 为队列能够接受的最大任务数量，可以表示为

$$Q_{\text{tot}}^i(t) = Q_l^i(t) + H_d^i(t) + H_m^i(t)$$

$$Q_{\text{tot}}^i(t) \leqslant Q_{\max}(t) \tag{7-18}$$

换句话说，式(7-18)表示在时间槽 t 内，计算任务的总数量等于本地设备队列、对等设备队列以及边缘处理器队列这三者的任务数量之和，且该总和不超过系统中队列所能接收的最大任务量。同时，该式子也是对系统中队列之间耦合关系的等价定义。

7.2.5 问题公式化

本节对该队列系统模型的优化问题进行定义。首先，利用李雅普诺夫优化技术构造一个二次方程，该方程将系统中起主要作用的控制队列，即本地设备队列 $Q_l^i(t)$、对等设备队列 $H_d^i(t)$ 以及边缘处理器队列 $H_m^i(t)$ 结合，以进行优化。该李雅普诺夫二次函数表示为

$$V(t) = \frac{1}{2}\sum_{l=1}^{L}\sum_{i=1}^{N}[Q_l^i(t)]^2 + \frac{1}{2}\sum_{d=1}^{D}\sum_{i=1}^{N}[H_d^i(t)]^2 + \frac{1}{2}\sum_{m=1}^{M}\sum_{i=1}^{N}[H_m^i(t)]^2 \tag{7-19}$$

根据 7.2.4 节对队列的定义，可以得出该函数是严格递增的。为保证队列都是有界的，不会出现某个队列有无限大的情况，则李雅普诺夫漂移函数定义为

$$\Delta(t) = E[V(t+1) - V(t)\,|\,Z(t)] \tag{7-20}$$

其中，$Z(t) = (Q_l^i(t); H_d^i(t); H_m^i(t))$，表示在时间槽 t 内本地设备、对等设备以及边缘处理器上的队列向量。由李雅普诺夫优化理论的定义可知，通过最小化漂移函数(7-20)，就可以对该系统中每个时间槽上的队列积压进行优化，同时也能够保证该队列系统的稳定性。因此，下面给出该系统优化问题的定义：

$$\begin{aligned}
\max_{y_{ld}^i(t),\,y_{lm}^i(t)} &\sum_{l=1}^{L}\sum_{i=1}^{N}Q_l^i(t)\left(v_l^i(t) + \sum_{d=1}^{D}y_{ld}^i(t)v_{ld}^i(t) + \sum_{m=1}^{M}y_{lm}^i(t)v_{lm}^i(t) - A_l^i(t)\right)\\
&+ \sum_{d=1}^{D}\sum_{i=1}^{N}H_d^i(t)\left(v_d^i(t) - \sum_{l=1}^{L}y_{ld}^i(t)v_{ld}^i(t) - A_d^i(t)\right)\\
&+ \sum_{m=1}^{M}\sum_{i=1}^{N}H_m^i(t)\left(v_m^i(t) - \sum_{l=1}^{L}y_{lm}^i(t)v_{lm}^i(t) - A_m^i(t)\right)
\end{aligned} \tag{7-21}$$

$$\text{s.t.} \quad (a)\text{式}(7\text{-}1)$$
$$(b)\text{式}(7\text{-}18)$$
$$(c)v_{ld}^i(t) \leqslant v_{ld}^{\max}(t)$$
$$(d)v_{lm}^i(t) \leqslant v_{lm}^{\max}(t)$$

以上所述的四个约束条件分别表示任务的计算卸载决策需满足的条件，系统中队列需满足的条件，在从用户的本地设备向对等设备发送任务的传输过程中以及从本地设备向边缘处理器发送任务的传输过程中，计算任务的传输速率需满足的条件。

此外，式(7-21)是通过最小化式(7-20)中的 $\Delta(t)$ 得来的，通过对该优化问题的求解，可以最小化系统中每个时间槽上任务的平均队列长度，提高用户任务的计算性能，同时实现系统中队列的稳定性。该优化问题的具体证明过程如下文所示。通过对该问题进行优化，能够使任务的计算时延达到最低，在此基础上，再对任务的能耗进行优化，从而最小化任务的计算代价。为此，本章提出 D-CCO 算法，综合确定该系统中任务的卸载决策，并得出每次卸载时能够计算的任务数量。

证明　由文献[2]中的引理 7，对式(7-15)进行进一步的计算，得到的不等式如下：

$$\frac{1}{2}[(Q_l^i(t+1))^2 - (Q_l^i(t))^2]$$
$$\leqslant B_l - Q_l^i(t)\left(v_l^i(t) + \sum_{d=1}^{D}y_{ld}^i(t)v_{ld}^i(t) + \sum_{m=1}^{M}y_{lm}^i(t)v_{lm}^i(t) - A_l^i(t)\right) \tag{7-22}$$

其中，$B_l = \frac{1}{2}\left[\left(v_l^i(t) + \sum_{d=1}^{D}y_{ld}^i(t)v_{ld}^i(t) + \sum_{m=1}^{M}y_{lm}^i(t)v_{lm}^i(t)\right)^2 + (A_l^i(t))^2\right]$。同样，根据式(7-16)，也可以得到关于对等设备队列的不等式，如下：

$$\frac{1}{2}[(H_d^i(t+1))^2 - (H_d^i(t))^2] \leqslant B_d - H_d^i(t)\left(v_d^i(t) - \sum_{l=1}^{L}y_{ld}^i(t)v_{ld}^i(t) - A_d^i(t)\right) \tag{7-23}$$

其中，$B_d = \frac{1}{2}\left[(v_d^i(t))^2 + \left(\sum_{l=1}^{L}y_{ld}^i(t)v_{ld}^i(t) + A_d^i(t)\right)^2\right]$。最后，根据该引理与式(7-17)，得出边缘处理器队列的不等式如下所示：

$$\frac{1}{2}\left[(H_m^i(t+1))^2 - (H_m^i(t))^2\right] \leqslant B_m - H_m^i(t)\left(v_m^i(t) - \sum_{l=1}^{L}y_{lm}^i(t)v_{lm}^i(t) - A_m^i(t)\right) \tag{7-24}$$

其中，$B_m = \frac{1}{2}\left[(v_m^i(t))^2 + \left(\sum_{l=1}^{L}y_{lm}^i(t)v_{lm}^i(t) + A_m^i(t)\right)^2\right]$。

根据以上讨论，将以上所得出的三个不等式相加，并在 $i \in \{1,2,\cdots,N\}$，$l \in \{1,2,\cdots,L\}$，$d \in \{1,2,\cdots,D\}$ 以及 $m \in \{1,2,\cdots,M\}$ 上取期望，则可以得到李雅普诺夫漂移函数为

$$
\begin{aligned}
\Delta(t) \leqslant B & \\
& - E\left[\sum_{l=1}^{L}\sum_{i=1}^{N}Q_l^i(t)\left(v_l^i(t)+\sum_{d=1}^{D}y_{ld}^i(t)v_{ld}^i(t)+\sum_{m=1}^{M}y_{lm}^i(t)v_{lm}^i(t)-A_l^i(t)\right)\right] \\
& - E\left[\sum_{d=1}^{D}\sum_{i=1}^{N}H_d^i(t)\left(v_d^i(t)-\sum_{l=1}^{L}y_{ld}^i(t)v_{ld}^i(t)-A_d^i(t)\right)\right] \\
& - E\left[\sum_{m=1}^{M}\sum_{i=1}^{N}H_m^i(t)\left(v_m^i(t)-\sum_{l=1}^{L}y_{lm}^i(t)v_{lm}^i(t)-A_m^i(t)\right)\right]
\end{aligned}
\tag{7-25}
$$

其中，$B = \sum_{l=1}^{L}\sum_{i=1}^{N}E[B_l]+\sum_{d=1}^{D}\sum_{i=1}^{N}E[B_d]+\sum_{m=1}^{M}\sum_{i=1}^{N}E[B_m]$，是一个有限常数。因此，根据以上对公式的分析及讨论，可以得出最小化李雅普诺夫漂移函数，即最小化式 (7-25)，就等同于最大化式 (7-21)，即可得到本章优化问题的定义。

7.3　D-CCO 算法

本节针对 D-CCO 算法进行详细的描述，该算法以最小化任务的时延与能耗为目标，通过协商在不同执行位置的计算代价，从而确定最优的卸载决策。首先，对该算法的主要步骤进行详细的阐述，然后对该算法的性能进行进一步的研究，文中也给出了相关的理论证明。

7.3.1　算法分析

在该队列系统中，引入 D2D 通信技术，将 D2D 与边缘云联合起来，并提出 D-CCO 算法。该算法考虑了敏感型任务的处理时延，并在最小化时延的基础上加入能耗这一性能指标，使能耗最小。另外，该算法还考虑了系统中队列上任务的积压情况。

D-CCO 算法主要步骤的描述如下。

步骤 1　确定在本地执行的任务。

对于系统中本地设备上到来的计算任务，通过优化其计算代价以得出任务最优的卸载决策。在这一步骤中，目标是确定在本地设备上处理的任务。首先计算任务在本地执行的时延与能耗之和，再分别计算任务卸载到对等设备以及边缘处理器的执行时延与能耗之和。然后对比计算结果，若任务在本地设备上的计算代价最

小,则将该任务放置在本地进行处理;否则,将任务放入卸载任务的集合 S 中。

步骤 2 确定任务最优的卸载位置。

在确定本地执行的任务之后,该步骤即为任务确定最优的卸载位置。在本节中,利用背压算法,通过计算本地设备队列与对等设备队列以及边缘处理器队列的任务积压差,用 $W_{ld}^i(t)$ 和 $W_{lm}^i(t)$ 表示,以减小任务的计算代价。任务积压差的计算公式表示如下:

$$W_{ld}^i(t) = Q_l^i(t) - H_d^i(t)$$
$$W_{lm}^i(t) = Q_l^i(t) - H_m^i(t) \tag{7-26}$$

然后,将任务积压差与能耗相结合,共同确定任务的卸载位置。通过选取积压差与能耗差的最大值来确定任务最优的执行位置,表示如下:

$$\{y_{ld}^i(t), y_{lm}^i(t)\} = \arg\max_{i \in S}\{W_{ld}^i(t) - e_{ld}^i, W_{lm}^i(t) - e_{lm}^i\} \tag{7-27}$$

从式(7-27)即可得出任务最优的卸载决策。D-CCO 算法的具体内容如算法 7-1 所示。

算法 7-1 D-CCO 算法

输入: N、L、D、M、τ、T、D_i、C_l^i、C_{lm}^i、$Q_l^i(0)$、$H_d^i(0)$、$H_m^i(0)$;

输出: $y_{ld}^i(t)$、$y_{lm}^i(t)$、$y_{ld}^i(t)v_{ld}^i(t)\tau$、$y_{lm}^i(t)v_{lm}^i(t)\tau$;

1: 初始化该目标队列系统;

2: **while** $t = 0$ to T **do**

3:     **for** $i = 1$ to N **do**

4:         根据式(7-3)与式(7-4)计算 $t_l^i + e_l^i$;

5:         根据式(7-6)、式(7-7)与式(7-9)计算 $t_{ld}^i + e_{ld}^i + t_d^i$;

6:         根据式(7-11)、式(7-12)与式(7-14)计算 $t_{lm}^i + e_{lm}^i + t_m^i$;

7:         **if** $t_l^i + e_l^i > t_{ld}^i + e_{ld}^i + t_d^i \| t_l^i + e_l^i > t_{lm}^i + e_{lm}^i + t_m^i$ **then**

8:             $i \in S$;

9:         **else**

10:             $y_{ld}^i(t), y_{lm}^i(t) = 0$ {任务 i 在本地设备执行};

11:         **end if**

12:         **for** $i \in S$ **do**

13:             根据式(7-26)分别计算 $W_{ld}^i(t)$ 与 $W_{lm}^i(t)$;

14:             根据式(7-27)找出任务卸载到的对等设备或边缘处理器;

15:　　　　　　　设置 $y_{ld}^i(t)=1$ 或 $y_{lm}^i(t)=1$ {任务 i 在对等设备或边缘云执行};

16:　　　　　　　得出任务的卸载数量;

17:　　　　**end for**

18:　　　　**end for**

19:　　　根据式(7-15)、式(7-16)与式(7-17)分别更新每个时间槽 t 内的任务队列 $Q_l^i(t),H_d^i(t),H_m^i(t)$;

20:　**end while**

7.3.2 算法性能

定义 7-1(队列稳定性)　假设 D-CCO 算法的性能与最优解之间所成比例为 $\dfrac{1}{1+\theta}$,那么容量区域将会相应地减少 $\dfrac{1}{1+\theta}\lambda_m I$,$\lambda_m$ 是系统中对于所有 $i\in\mathcal{N},l\in\mathcal{L}$ 的最大到达率,则系统中队列的平均长度应满足

$$\lim_{T\to\infty}\frac{1}{T}\sum_{t=1}^{T}\sum_{d=1}^{D}\sum_{i=1}^{N}H_d^i(t)\leqslant\lim_{T\to\infty}\frac{1}{T}\sum_{t=1}^{T}\sum_{l=1}^{L}\sum_{i=1}^{N}Q_l^i(t)\leqslant\frac{(1+\theta)B_l}{\varepsilon-\dfrac{1}{1+\theta}\lambda_m} \tag{7-28}$$

$$\lim_{T\to\infty}\frac{1}{T}\sum_{t=1}^{T}\sum_{m=1}^{M}\sum_{i=1}^{N}H_m^i(t)\leqslant\lim_{T\to\infty}\frac{1}{T}\sum_{t=1}^{T}\sum_{l=1}^{L}\sum_{i=1}^{N}Q_l^i(t)\leqslant\frac{(1+\theta)B_l}{\varepsilon-\dfrac{1}{1+\theta}\lambda_m} \tag{7-29}$$

其中,ε 为一个小的正常数。上述定义代表了该系统中所有队列的稳定性,其详细的证明在下文给出。

本节通过对系统中所有的队列进行推导,得出本地设备队列、对等设备队列以及边缘处理器队列都有上界,即它们都小于一个确定的数值,从而对系统中队列的稳定性进行了证明,也证明了该算法的稳定性。同时,由于队列之间存在一定的耦合关系,即本地设备上任务的离开即为对等设备队列或边缘处理器队列上任务的到来。此外,对等设备扮演的是服务器的角色,所以对等设备队列与边缘处理器队列之间没有直接的关系。因此,在定义 7-1 中,本地设备的队列长度不小于对等设备的队列长度,同时也不小于边缘处理器队列的长度,并且它们都是有上界的。通过对各个队列稳定性的证明,也证明了本章所考虑的队列系统的稳定性。

证明　我们将 $v_l^{i^*}(t)$、$v_{ld}^{i^*}(t)$、$y_{ld}^{i^*}(t)$、$v_{lm}^{i^*}(t)$、$y_{lm}^{i^*}(t)$ 设为式(7-21)的最优解,那么根据式(7-22),可以得出

$$B_l + Q_l^i(t)A_l^i(t) \leqslant Q_l^i(t)\left(v_l^{i*}(t) + \sum_{d=1}^{D} y_{ld}^{i*}(t)v_{ld}^{i*}(t) + \sum_{m=1}^{M} y_{lm}^{i*}(t)v_{lm}^{i*}(t)\right) \quad (7\text{-}30)$$

若每个队列中的平均到达率都满足式(7-30),那么系统中所有的平均到达率都满足一个队列稳定域 $\mathfrak{R}$ 。并且,对于 $\mathfrak{R}$ 中所有队列的任务到达率来说,它的平均处理率都不应小于 λ_j^i 与 ε 之和。因此,可以得到该李雅普诺夫漂移函数为

$$\begin{aligned}
&E\left[\sum_{l=1}^{L}\sum_{i=1}^{N}(Q_l^i(t+1))^2\right] - E\left[\sum_{l=1}^{L}\sum_{i=1}^{N}(Q_l^i(t))^2\right] \\
&\leqslant 2B_l + \sum_{l=1}^{L}\sum_{i=1}^{N}2E[Q_l^i(t)]\lambda_l^i - \sum_{l=1}^{L}\sum_{i=1}^{N}2E[Q_l^i(t)](\lambda_l^i + \varepsilon) \\
&\leqslant 2B_l - 2\varepsilon\sum_{l=1}^{L}\sum_{i=1}^{N}E[Q_l^i(t)]
\end{aligned} \quad (7\text{-}31)$$

然后将其在 $i \in \{1,2,\cdots,N\}$ 上相加,并在 $t \in \{1,2,\cdots,T\}$ 上对 T 求极限,可得

$$\lim_{T\to\infty}\frac{1}{T}\sum_{t=1}^{T}\sum_{l=1}^{L}\sum_{i=1}^{N}E[Q_l^i(t)] \leqslant \frac{B_l}{\varepsilon} \quad (7\text{-}32)$$

若本章所提 D-CCO 算法的性能与最优解之间的比例为 $1/(1+\theta)$,则有

$$\begin{aligned}
&\sum_{l=1}^{L}\sum_{i=1}^{N}Q_l^i(t)\left(v_l^{i*}(t) + \sum_{d=1}^{D} y_{ld}^{i*}(t)v_{ld}^{i*}(t) + \sum_{m=1}^{M} y_{lm}^{i*}(t)v_{lm}^{i*}(t)\right) \\
&\leqslant (1+\theta)\sum_{l=1}^{L}\sum_{i=1}^{N}Q_l^i(t)\left(v_l^i(t) + \sum_{d=1}^{D} y_{ld}^i(t)v_{ld}^i(t) + \sum_{m=1}^{M} y_{lm}^i(t)v_{lm}^i(t)\right)
\end{aligned} \quad (7\text{-}33)$$

将式(7-33)代入式(7-30),并求期望,可以得出

$$\frac{B_l}{1+\theta} + \frac{\sum_{l=1}^{L}\sum_{i=1}^{N}E[Q_l^i(t)]\lambda_l^i}{1+\theta} \leqslant \sum_{l=1}^{L}\sum_{i=1}^{N}Q_l^i(t)\left(v_l^i(t) + \sum_{d=1}^{D} y_{ld}^i(t)v_{ld}^i(t) + \sum_{m=1}^{M} y_{lm}^i(t)v_{lm}^i(t)\right) \quad (7\text{-}34)$$

因为 D-CCO 算法的容量范围减小了 $\dfrac{1}{1+\theta}\lambda_m$,即 $\mathfrak{R}' = \mathfrak{R} - \dfrac{1}{1+\theta}\lambda_m I$,同时参数 $B_l' = (1+\theta)B_l$ 。所以,本地设备上的平均队列长度应满足

$$\lim_{T\to\infty}\frac{1}{T}\sum_{t=1}^{T}\sum_{l=1}^{L}\sum_{i=1}^{N}E[Q_l^i(t)] \leqslant \frac{(1+\theta)B_l}{\varepsilon - \dfrac{1}{1+\theta}\lambda_m} \quad (7\text{-}35)$$

在本章所考虑的联合 D2D 技术与边缘云的任务队列系统中,由于本地设备队列分别与对等设备队列以及边缘处理器队列存在一定的耦合关系,即对等设备队列上的任务数量不大于本地设备队列,且边缘处理器队列上的任务数量也不大于

本地设备队列上的任务数量。因此，可以得到

$$E\left[\sum_{t=1}^{T}\sum_{d=1}^{D}\sum_{i=1}^{N}H_d^i(t)\right] \leqslant E\left[\sum_{t=1}^{T}\sum_{l=1}^{L}\sum_{i=1}^{N}Q_l^i(t)\right] \tag{7-36}$$

$$E\left[\sum_{t=1}^{T}\sum_{m=1}^{M}\sum_{i=1}^{N}H_m^i(t)\right] \leqslant E\left[\sum_{t=1}^{T}\sum_{l=1}^{L}\sum_{i=1}^{N}Q_l^i(t)\right] \tag{7-37}$$

由式(7-35)、式(7-36)与式(7-37)，即可得到定义 7-1。

7.4　实验与分析

本节通过数值实验来对该算法进行评估，主要从比较本地平均的队列长度来验证该算法的有效性。假设在该队列系统中，本地设备随机分布，对等设备与边缘处理器均匀分布，其中对等设备分布在用户周边，边缘处理器距离用户较近，但相比于对等设备来说距离较远。另外，定义本地设备上任务的到达率服从泊松分布，并定义每个设备上有 100 个任务的到来，每个任务的计算量大小为 500bit，处理一个任务所需的 CPU 周期数量为 50M cycles。本地设备的处理器频率为 0.5GHz、1.0GHz、1.2GHz、1.5GHz、1.8GHz、2.0GHz、2.5GHz、3.0GHz，对等设备的 CPU 频率为 1.8GHz、2.0GHz、2.5GHz、3.0GHz、3.2GHz、3.6GHz，并假设边缘处理器的计算频率相同，定义为 30GHz。

除此之外，设置各个设备计算能力与其实际处理能力的比值为 $\eta_l^i(t)=\eta_d^i(t)=\eta_m^i(t)=0.9$，以符合设备的实际情况。同时定义任务发送给其他设备的信道带宽为 5MHz，信道增益是 0.1，信道的噪声功率设为–174dBm/Hz。将任务在本地的计算功率设为 5mW，将任务发送至对等设备与边缘处理器的传输功率分别定义为 2mW、1mW，通过设置任务传输功率的不同，可以得到不同的传输速率，以贴近实际的卸载场景。另外，假设本地设备队列与边缘处理器队列上的平均到达率与任务初始值是相同的，而对等设备由于具有大量空闲的计算资源，因此将对等设备队列的平均到达率设置得相对小一点，且该队列的初始值也相应减小。本章所涉及的其他变量在下面的性能对比中详细给出。

7.4.1　性能分析

本节分别通过对本地设备队列长度、对等设备队列长度以及边缘处理器队列长度的上界进行推导，验证本章所提 D-CCO 算法的稳定性，如图 7-2～图 7-4 所示。分别考虑 20 个本地设备、6 个对等设备以及 3 个边缘处理器，各个设备上的平均到达率为 $\lambda_l^i=\lambda_m^i=6$，$\lambda_d^i=2$。本地设备队列及边缘云队列的任务初始值定义为 $Q_l^i(0)=H_m^i(t)=1000$，对等设备队列的任务初始值为 $H_d^i(t)=200$。

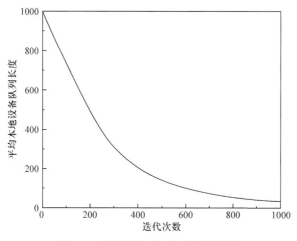

图 7-2　本地设备队列长度的稳定性

图 7-2 对本地设备队列长度的稳定性进行了验证。对于本地设备队列，选取迭代次数为 1000 次。当迭代次数在区间[1,400]时，本地设备队列的平均积压情况呈快速且平滑的下降趋势，这是因为当本地用户有大量的计算任务到来时，系统中的其他设备有充足的计算资源，通过将任务卸载至资源多、计算快的设备或处理器，从而提高计算效率。然而，由于信道的传输速率有限或者系统中的其他队列上已经存储了较多的任务，这时任务就需要在本地进行处理，因此在迭代次数为 400 之后，队列积压的趋势相比于之前较为平缓。最后，当迭代次数大于 900 后，可以看出本地设备队列中的任务长度开始接近一个数值，并在一个很小的范围内波动，即验证了本地设备队列长度的稳定性。

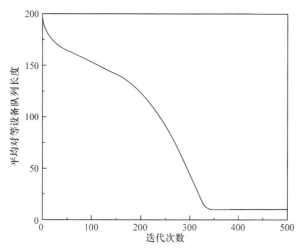

图 7-3　对等设备队列长度的稳定性

图 7-3 验证了系统中对等设备队列长度的稳定性。在迭代刚开始时，由于本地将任务卸载至边缘云等原因，任务积压呈急速下降趋势。之后，对等设备队列的任务积压呈现一种先缓慢下降而后平滑下降的趋势。出现这种现象的原因是，本地设备上的一些任务卸载到了对等设备，并且该队列上还有其本身的任务在等待处理，导致对等设备队列上任务的积压增多；而后，通过考虑系统中所有队列上的任务情况，并对本地任务执行性能进行计算，综合确定了任务最优的卸载决策，因此，任务积压开始减小。直至迭代次数为 340 之后，对等设备队列上的任务积压趋于平缓，从而验证了该队列的稳定性。

图 7-4 的实验结果显示了边缘处理器队列长度的稳定性。随着迭代开始，该队列的任务积压首先出现了短暂的上升，之后开始下降，最后趋于平稳。本地卸载了大量的计算任务至边缘云后，队列的任务积压量开始增加。之后由于边缘处理器具有较强的计算能力，任务积压开始减小。最后，在 $t > 340$ 后，边缘处理器队列开始在一定范围内波动，并趋于平缓，边缘处理器队列的稳定性得以验证。

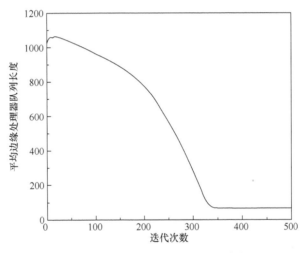

图 7-4　边缘处理器队列长度的稳定性

7.4.2　性能对比

将 D-CCO 算法分别与以下三种算法进行对比，详细描述如下。

(1) 只在本地计算(Only-local)算法：本地设备上到来的所有任务，都只在本地设备进行处理，因此该算法只用根据计算任务在本地执行的时延与本地移动设备所产生的能耗来确定卸载决策。

(2) 随机部署(random deployment, RD)算法：该算法将计算任务随机地部署在本地设备、对等设备或者边缘处理器的队列中，任务的卸载决策由该随机决策矩阵决定。

(3) 移动边缘云中支持 D2D 的模型时延优化(D2D model delay optimization, DMDO)算法：该算法考虑了一个支持 D2D 通信的移动边缘云计算卸载系统，通过对任务的计算时延与等待时延进行优化，得出其卸载决策。

本节主要将 D-CCO 算法与以上三种算法在本地任务的处理时延这一性能上进行对比，分别从以下角度进行：①任务的平均到达率；②本地设备数量；③对等设备数量；④边缘处理器数量。下面将分别对不同条件下的实验结果进行分析。

图 7-5 研究了 D-CCO 算法与其他几种算法在不同任务平均到达率情况下的性能对比。通过设置任务平均到达率的泊松分布参数，对比系统中本地设备上任务计算时延的变化。从图中可以看出，随着泊松分布参数的增加，该系统中任务的处理时延也在不断增大。但与 Only-local 算法、RD 算法以及 DMDO 算法相比，D-CCO 算法的处理成本最小，即在有大量任务到来时，该算法能够有效地对本地上的任务进行计算，体现出了较大的优越性。

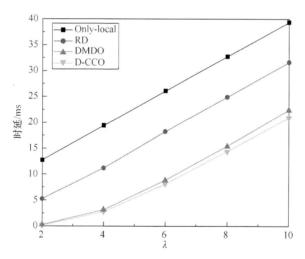

图 7-5 不同任务平均到达率下的任务处理时延

除了对不同平均到达率下任务处理性能的分析，还研究了这四种算法在不同的本地设备数量、对等设备数量以及边缘处理器数量下任务处理时延的变化情况，如图 7-6～图 7-8 所示。由图 7-6 可以看出，本地设备队列中任务的处理时延呈缓慢上升的趋势。这是因为系统中有足够的计算资源，本地通过将任务卸载至其他设备或处理器进行计算，以提高执行速率，所以随着用户设备数量的增加，任务的处理时延开始缓慢增加。并且，与其他算法相比，D-CCO 算法显示了处理任务时良好的性能。因此，对于有大量任务的用户设备，该算法能够更好地被采用。

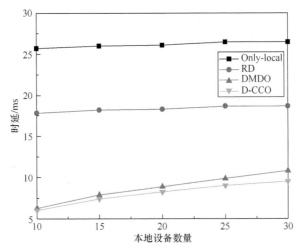

图 7-6　不同本地设备数量下的任务处理时延

　　图 7-7 描述了不同对等设备数量下任务处理时延的变化。随着对等设备的增加，除了 Only-local 算法之外，其他三种算法的对比结果也都增加。出现这一现象的原因是，在计算任务的性能指标之后，由于任务在对等设备上计算的成本较大，卸载到边缘处理器上的任务过多，同时随着本地设备上任务的不断到来，出现本地设备队列任务积压增大的现象，导致计算时延增加。另外，Only-local 算法中任务只在本地处理，与系统中对等设备的多少没有直接关系，因此结果无明显变化。

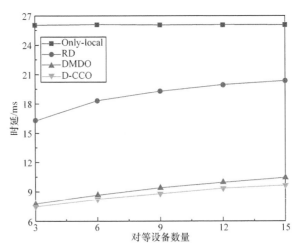

图 7-7　不同对等设备数量下的任务处理时延

　　在图 7-8 中，通过对边缘处理器数量的改变，研究其对任务处理时延的影响。Only-local 算法中任务只在用户本地执行，所以对其本地设备队列任务的积压情况没有影响，即对处理时延没有影响。而随着边缘处理器的增加，其他三种算法的处理时延都在不断减少。同时，由图可以得出，D-CCO 算法的实验结果最好，性能最优。

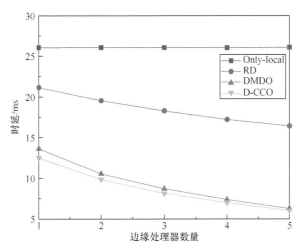

图 7-8 不同边缘处理器数量下的任务处理时延

7.5 本 章 小 结

本章研究了 D2D 协作下的任务卸载问题。为了优化任务的计算代价，将 D2D 技术与边缘处理器相结合，并利用随机优化技术，提出一个最小化李雅普诺夫漂移的优化问题，对任务的处理时延进行优化。并在此基础上，计算任务的能耗，使任务的计算代价达到最小。为此，本章设计了 D-CCO 算法，在最小化时延的基础上最小化任务的能耗。但本章主要针对的是时延敏感型任务，因此通过任务在不同位置的能耗计算公式来得出消耗情况，不对资源消耗情况进行具体的实验分析。并且，由于每个设备或服务器计算能力的不同，他们在选择不同的计算位置之后也会产生不同的处理时延以及能耗，所以本章通过对任务不同的执行代价进行计算，确定其最优的执行位置，减小用户的计算成本。此外，本章给出了系统中队列长度稳定性的理论分析，实验结果也验证了在与其他对比算法相比较时，该算法的任务执行总代价最小。

参 考 文 献

[1] Neely M. Stochastic Network Optimization with Application to Communication and Queueing Systems[M]. San Rafael: Morgan & Claypool Publishers, 2010.

[2] Li C P, Modiano E. Receiver-based flow control for networks in overload[J]. IEEE/ACM Transactions on Networking, 2015, 23(2): 616-630.

第8章 固定场景中时延敏感程序的服务部署策略

8.1 引 言

在边缘计算中，服务部署是指将计算任务对应的服务平台、数据库、配置文件安装到边缘服务节点上的过程。为了满足新型应用程序对于延迟的要求，边缘计算中的服务部署变得至关重要。服务部署策略必须按照程序内部任务的相关性进行部署。然而，以前的研究很少关注应用程序中的相关任务。如果服务部署策略不考虑任务相关性，系统则会频繁切换服务，造成严重的系统开销。本章旨在解决边缘计算中相关任务的服务部署问题。同时，本章也考虑了数据传输过程中网络访问接入点选择的问题。本章提出一种基于剩余服务时间预测的动态服务部署列表(dynamic service placement with remaining service time prediction, DSPLS)调度算法，然后进行相关的仿真实验，最后证实本章提出算法完成服务所需的时间最少。

8.2 服务部署场景问题分析

边缘计算是一种新的计算范式，将计算、存储和服务等资源从中心化的云端推送到靠近数据源的位置[1]。传统云计算架构传输距离长，导致互联网中的网络延迟较大，无法满足增强现实[2]、虚拟现实[3]、车载互联网系统[4]和智能电网[5]这类时延敏感应用程序的要求。此外，互联网近年来也逐渐开始使用 IPv6 协议，为物联网提供了最基本的网络通信条件[6]。根据 Gartner 公司的调查，2020 年互联网基础设施将支持 100 亿台智能设备接入互联网，与 Gartner 公司 2018 年的预测[7]相比，增长了 82%。预计到 2025 年，将有约 500 亿台智能设备连接到互联网。这些智能设备包括车辆、可穿戴设备、测量传感器、家用电器、医疗保健和工业产品[8]。这些智能设备生成的数据对通信和计算技术提出了挑战[9]。这些应用生成的多样数据类型更适合在边缘计算中处理。

边缘计算当前面临的挑战之一是边缘处理器和服务实体的部署。边缘处理器处理用户请求的前提是部署相应的服务。当前作为主流部署方案是将边缘处理器部署在蜂窝基站上，为用户提供最终服务[10]。在服务部署的研究中，为了保证服务质量，服务部署模型通常分为两部分：用户卸载任务和系统服务处理任务。服务的部署策略必须按照程序[11]内的相关任务执行顺序提供服务。因此，如何在边缘计算中进行服务部署变得至关重要。本章所研究的场景是任务的终端位置始终固定，且在边缘处理器具有独立性和异构性情况下，如何调度提供服务所需要的资源也是边缘计算系统必须考虑的问题。

在近几年的研究工作中[12]，为了保证服务质量(quality of service，QoS)，从资源利用方面解决服务部署的问题。现实中，边缘计算更多地被用作微型数据中心，每个边缘云至少有一个网络访问接入点(access point，AP)作为接入手段(如基站或Wi-Fi 热点)。为了满足延迟敏感应用的时延要求，一些研究关注了网络性能对服务质量的影响[13]。在多网络访问接入点环境下，数据传输前必须考虑合适的传输网络链路。不同服务节点之间的异构性导致提供服务的性能存在差异。在服务部署方面，高负载的服务节点可能会影响服务的性能[14]。在以往的工作中，针对服务部署的研究忽略了网络延迟对服务性能的影响。然而，在一些关注网络访问接入点选择的研究中，很少关注服务节点的负载情况以及程序内部的任务相关性。

为了提高边缘计算的服务性能，系统必须同时考虑网络传输和相关服务部署两方面带来的影响[15]。在理想状态下，用户的卸载任务更倾向于选择离他最近且网络通信条件较好的计算节点。

如图 8-1 所示，为避免通信距离过大导致传输延迟过大，用户只将任务卸载到相邻的计算节点。本章使用有向无环图(directed acyclic graph，DAG)来表示任务中的依赖关系。相关任务之间的关系由图中的点和边表示[16]。本章考虑了一个由边缘服务节点和网络访问接入点组成的场景。如图 8-2 所示，用户可能处于多个基站信号覆盖的区域，当用户需要请求边缘云中的服务时，应选择通信状态良好的基站上传任务。任务上传到边缘云，边缘云请求核心云中的服务部署模型，将按照

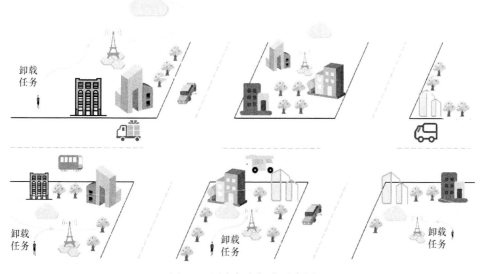

图 8-1 用户任务卸载示意图

需求对服务并行计算的部分进行划分,分发到边缘云中不同的服务节点进行处理。

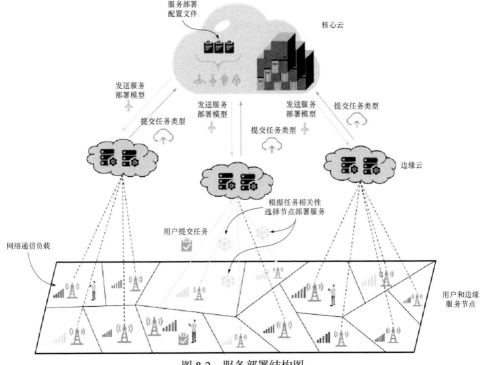

图 8-2　服务部署结构图

　　本章提出的系统模型,是参考文献[17]提出的。该文献主要针对的是边缘计算中移动用户的服务如何部署,提出一种结合用户偏好来优化用户的感知延迟和服务迁移成本的方法,而本章将该网络模型用于固定场景中。值得注意的是,原文的网络模型主要关注用户移动性所带来的迁移服务开销,判断是否需要对服务进行迁移。在本章提出的固定场景中的网络模型主要关注的是用户传输数据时选择网络链路以及任务解耦后在不同边缘计算节点请求服务这两个方面。有关任务解耦的内容本章参考相关 DAG 调度的文献进行研究。在 DAG 调度领域主要关注的是任务间通信时延和在不同处理器核心的处理时延,所以 DAG 调度时延主要由这两个时延决定。而在本章的网络模型中,除了以上两个时延,还关注用户发送、接收数据的网络时延,具体的建模过程在 8.3 节中详细介绍。

8.3　模型设计及问题形式化

8.3.1　系统模型

　　本章考虑的边缘计算系统有一系列网络访问接入点(如无线网络、有线网络、

4G/5G 等)和用户。每个边缘云都可以通过多个网络访问接入点访问。本章用 NA 和 U 来代表网络访问接入点(边缘云)和用户。为了不失一般性，使系统可以在更大的时间范围内运行，本章针对时间槽内的服务部署策略进行研究，时间线表示为 $T = \{0,1,2,\cdots,t\}$。在边缘云中，本章使用轻量级虚拟化解决方案(如虚拟机、容器等)在每个计算节点上部署服务。这些轻量级的虚拟化程序可以提供计算、存储、数据库等服务。在时间 $t \in T$，用户 $u \in U$ 可以通过网络访问点 NA 访问边缘云，记为 $\gamma_u(t)$。用户卸载到边缘云的工作 $J = \{0,1,2,\cdots,m\}$ 由多个任务组成。本部分研究使用的符号列于表 8-1。

表 8-1　符号参考表

符号	定义
U	边缘计算中的一系列用户
NA	边缘计算中的一系列网络访问接入点
E	一系列的边缘计算云
$\gamma_u(t)$	用户 u 可选择的网络访问接入点
$\mu_{ju}(t)$	用户 u 是否选择 j 个网络访问接入点连接边缘云，选择(=1)或不选择(=0)
$v_{iu}(t)$	用户 u 服务是否放置在边缘云 i 上，是(=1)或否(=0)
$\mu(t)$	变量 $\mu_{ju}(t)$ 的决策变量
$v(t)$	变量 $v_{iu}(t)$ 的决策变量
C_j	边缘云中每个 NA 的容量
E_p	各个边缘服务节点算力
D_q	访问边缘云网络的排队时延
D_c	访问服务的总通信时延
$B_{ij}(t)$	节点 i 和 j 之间的通信时延
$r_u(t)$	用户 u 所需要的资源
$d_u(t)$	用户 u 对网络访问接入点资源的需求
J	由一系列任务 m 组成的工作
P	一系列边缘服务节点
N	边缘服务节点数
$l_{p_i p_j}(t)$	p_i 与 p_j 两个服务节点之间的通信距离
$c(p_i,p_j)$	节点 p_i 向 p_j 传输数据的时间
$w(p_n,m_i)$	任务 m_i 在服务节点 p_n 上的服务时间

8.3.2 选择网络访问点

在每个时间槽 t 中，用户需要在卸载任务之前选择网络访问接入点用于后续数据传输。这里使用一个二元变量 $\mu_{ju}(t)$ 来表示网络选择。$\mu_{ju}(t)=1$，意味着用户选择 $\gamma_u(t)$ 网络访问接入点进行边缘云访问，相反的情况用 $\mu_{ju}(t)=0$ 来表示。值得注意的是，用户在每个时间槽 t 内只能选择一个网络访问接入点接入，因此对 $\mu_{ju}(t)$ 给出如下约束：

$$\sum_{j\in\gamma_u(t)}\mu_{ju}(t), \quad \forall u\in U \tag{8-1}$$

$$\mu_{ju}(t)\in\{0,1\}, \quad \forall j\in\gamma_u(t), \ \forall u\in U \tag{8-2}$$

假设在任何时候，用户选择的网络访问接入点都不会超过该网络访问接入点的资源限制，即

$$\sum d_u(t)\mu_{ju}(t)\leqslant C_j, \quad \forall j\in\gamma_u(t) \tag{8-3}$$

8.3.3 服务部署模型

由于每个计算节点的计算能力和存储能力的不同，一个任务在不同计算节点上服务的时间长短是不同的。本章使用服务时间矩阵 $W=J\times P$ 列出计算节点 p_n 和任务 m_i 之间所有可能的服务时间映射关系。表 8-2 描述了图 8-3 中相关任务图的服务时间矩阵的示例。

表 8-2 任务在不同节点的服务所需时间表

任务	p_1	p_2	p_3
m_1	55	52	90
m_2	65	42	60
m_3	72	67	87
m_4	17	25	10
m_5	80	67	107
m_6	55	45	45
m_7	37	52	20
m_8	72	57	90
m_9	35	62	75
m_{10}	32	40	82

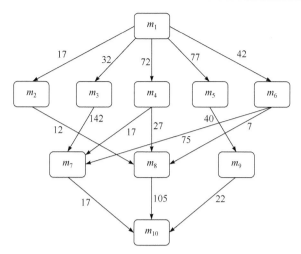

图 8-3　基于 DAG 的工作示例图

众所周知，用户 u 必须通过网络访问接入点 NA 访问边缘云。对于每个用户 u，在用户选择的边缘云 i 中提供相应的服务。此外，用户的网络访问接入点选择不一定与服务部署位置有关。用户 u 的服务可以放在任何边缘云上。然而，只有当用户 $u \in U$ 在时间槽 t 内通过网络访问接入点 $j \in \gamma_u(t)$ 访问边缘云 $i \in E$ 时，服务部署 $i \in E$ 才有意义。与网络访问模型类似，本章建立服务部署模型：

$$\sum_{i \in E} v_{iu}(t) = 1, \quad \forall u \in U \tag{8-4}$$

$$\sum_{u \in U} r_u(t) v_{iu}(t) \leqslant E_q, \ \forall i \in E \tag{8-5}$$

$$v_{iu}(t) \in \{0,1\}, \quad \forall i \in E, \ \forall u \in U \tag{8-6}$$

为了确保服务由确定的边缘云 i 提供，在时间槽 t 内，边缘云的服务部署不能超过其所在边缘云的处理能力，约束使用式(8-5)表达。式(8-6)用于指示是否将用户 $u \in U$ 的服务放置在边缘云 $i \in E$ 上。

8.3.4　网络中的排队时延

网络访问接入点随时间和用户而变化。在一些人口密集的地区，某些网络访问接入点会成为热门的选择，导致一些网络访问接入点过载。排队时延的增加将大大降低应用程序的服务质量。通过研究和分析，本章引入排队理论对核心骨干网络的排队时延进行建模。一个时间槽 t 中一系列用户 U 的网络访问接入点 NA 的排队时延由式(8-7)表示：

$$D_q(\mu(t)) = \sum_{u \in U} \sum_{i \in E} \mu_{ju}(t) \frac{1}{C_J - \sum_{u \in U} d_u(t) \mu_{ju}(t)} \tag{8-7}$$

其中, C_J 是 NA 拥有的资源总量。特别是, 网络访问接入点 $j \in \gamma_u(t)$ 点满足式(8-7)。否则式(8-7)为 0 时 $j \notin \gamma_u(t)$。为了使式(8-7)恒成立, 本章假设 C_J 拥有的资源始终满足用户的需求。

8.3.5　在边缘计算中预测服务时间

当用户决定将作业卸载到边缘云时, 会在云中的不同计算节点上处理作业中的不同任务。这些任务以顺序或并行的方式执行, 因此本章引入 DAG 来表示单个边缘云中的服务部署过程。

起始任务和终止任务: 首先, 定义两个计算任务, 即起始任务和终止任务。根据图论当入度为 0 时, 表示起始任务:

$$\deg^-(m) = 0, \quad \forall m \in J \tag{8-8}$$

根据图论当出度为 0 时, 表示终止任务:

$$\deg^+(m) = 0, \quad \forall m \in J \tag{8-9}$$

最早服务部署时间: 定义任务 m 开始在计算节点 p 上提供服务的最早时间为最早服务部署时间(earliest service placement time, ESPT)。$\mathrm{ESPT}(m_i, p_n)$ 表示任务 m 可以开始在计算节点 p 上请求服务的最早时间。在实践中, 最早开始请求服务的时间还取决于之前任务的完成时间。在式(8-10)中本章将 ESPT 表示为前置任务的完成时间加上前置任务输出数据到这个节点的通信时间。$\mathrm{PCT}(m_i)$ 是 m_i 的所有前置任务的完成时间(pre-task completion time, PCT)。

$$\mathrm{ESPT}(m_i, p_n) = \max\{\mathrm{PCT}(m_i) + c(p_j, p_i)\}, \quad \forall m_i \in J, \ \forall p_i, p_j \in P \tag{8-10}$$

如果两个任务在同一个计算节点上, 则 $c(p_j, p_i) = 0$ 表示上一个任务处理的数据和下一个任务需要的数据之间没有网络延迟开销。

最早服务完成时间: 为了更好地表示计算节点的服务时间, 本章还定义了最早服务完成时间(earliest service completion time, ESCT)。$\mathrm{ESCT}(m_i, p_n)$ 表示计算节点 p_n 提供的服务满足计算任务 m_i 的最早完成时间, 由式(8-11)表示:

$$\mathrm{ESCT}(m_i, p_n) = \mathrm{ESCT}(m_j, p_n) + w(m_i, p_n), \quad \forall m_i, m_j \in J, \ \forall p_n \in P \tag{8-11}$$

服务调度长度: 作业的服务调度长度 workspan 是提供所有相关任务服务的总时间。workspan 由式(8-12)计算得到, 用于表示作业的所有任务在 DAG 中的完成时间, 表达式为

$$\mathrm{workspan} = \max[\mathrm{PCT}(m_{\mathrm{finaltask}})] \tag{8-12}$$

其中, $\mathrm{PCT}(m_{\mathrm{finaltask}})$ 表示实际的最终任务完成时间。

在边缘云中的总时延: 完整路径(complete route, CR)是 DAG 中从开始任务

到最终任务的最长路径。这条路径上的每条边代表作业所需的传输时延。因此，边缘云中作业的总通信时延表示为

$$c_v(m_i)\sum_{i,j=1}^{p}c(p_j,p_i), \quad \forall m\in J,\ \forall p\in P \qquad (8\text{-}13)$$

边缘云中作业的所有计算时延表示为

$$w_v(m_i)\sum_{p=1}^{p}w(p_n,m_i), \quad \forall m\in J,\ \forall p\in P \qquad (8\text{-}14)$$

问题公式化：结合用户在核心网上选择通信路径的队列时延、在云端工作的通信时延以及在每个节点计算任务的计算时延，本章将网络选择和预测服务放置问题表述如下：

$$\min \quad \sum_{t=1}^{T}D(v(t),u(t)) = \sum_{t=1}^{T}(D_q(\mu(t)+c_v(t)+w_v(t)))$$

$$\text{s.t.} \quad 式(8\text{-}1)\sim式(8\text{-}6) \qquad (8\text{-}15)$$

根据本章建立的模型，该模型下任务处理的总时延包括三部分：数据传输时延、边缘云内部节点之间的通信时延和边缘节点提供的服务时间。其中 $D_q(\mu(t))$ 为式(8-7)中提到的排队时延，即数据传输的链路时延，$c_v(t)$ 为边缘云中任务组件的通信时延，由式(8-13)定义，$w_v(t)$ 为任务组件在边缘计算节点请求资源服务的时间，即式(8-14)。对于服务放置问题建模的每一部分，都有相应的约束条件，即式(8-1)~式(8-6)，本章的目标是在满足约束条件下使得服务总时延最小。

8.4　算 法 设 计

当用户的工作需要卸载到边缘云时，根据总时延做出决策。众所周知，最小化计算任务时延的服务部署问题是 NP 难问题[18]。以下几个方面都会影响服务部署的性能：①骨干网上的队列等待时间；②边缘计算节点中提供服务的节点之间的通信时间；③在不同计算节点上提供服务的时间；④提供服务的边缘云中节点之间的约束关系；⑤边缘云中并行服务的节点数；⑥边缘云中针对关联任务提供服务的节点数。

本章提出的 DSPLS 调度算法在不同节点为 DAG 中的任务提供服务，确定任务之间的执行顺序和并行度，最大限度地减少边缘云中的计算和传播时延。然后计算每个节点任务的服务时间，并预测任务的所有执行路径。之后，选择最长的任务执行路径，为计算节点提供服务，以优化整个作业的执行路径长度。为上一个任务提供服务后，必须更新待服务任务的剩余路径长度。因此，计算节点提供

的服务会根据之前的任务调度进行动态更新。该算法主要由四个部分组成。

第一部分：核心网的传输时延占了很大比重。用户卸载作业数据在核心网中的传输时延占总时延的比例较大，核心网络 D_q 的状态由网络中的队列表示。

第二部分：计算剩余的任务服务时间。任务 m 的剩余服务时间应在 m 开始服务后，考虑所有任务 m 约束后计算，然后计算总的计算和传输时间。

第三部分：为被调度的任务提供服务调度。根据任务调度，按顺序进行服务部署。根据计算出的任务剩余服务时间，为下一个任务选择部署服务的计算节点并且启动服务。

第四部分：为任务选择计算节点部署服务。对于待调度的任务，算法确定分配给该任务的计算节点和提供服务的时间。

8.4.1 计算剩余服务时间

首先，为每个任务服务分配一个权重，即后续服务总的计算时间和通信时间。在系统中，本节创建了一个预测剩余服务调度(predict remaining service schedule, PRSS)表来维护每个任务在不同计算节点上的权重值。具体来说，PRSS 表由 N (不同任务)行和 M (不同计算节点)列组成。$\mathrm{PRSS}(m_i, p_n)$ 表示如果任务服务分配给计算节点 p_n，则服务任务 m_i 的所有后续任务所需的估计剩余时间。服务任务 m_i 的权重与后续要服务的任务数量和可用计算节点密切相关。因此，本节使用式(8-16)表示任务 m_i 在计算节点 p_n 上的权重：

$$\alpha_{i,n} = \max[\min \mathrm{PRSS}(m_j, p_n) + w(m_j, p_n) + c(t_i, t_j)]$$
$$m_j \in \mathrm{sub}(m_i), \quad \forall p_n \in P \tag{8-16}$$

其中，$\mathrm{sub}(m_i)$ 是任务 m_i 的后续任务集。

令

$$\beta_i = \frac{\displaystyle\sum_{m_i \in \mathrm{sub}(m_i)} \frac{\displaystyle\sum_{p_n \in P} \mathrm{PRSS}(m_j, p_n)}{N}}{N} \tag{8-17}$$

请注意，无论最终任务由哪个计算节点提供服务，任务的权重都是 0。因此，对于任何 $p_n \in P$，$\mathrm{PRSS}(m_{\mathrm{end}}, p_n) = 0$。

服务任务 m 的权重由式(8-18)计算得出：

$$\mathrm{PRSS}(m_i, p_n) = \max[\alpha_{i,n}, \beta_i], \quad \forall m_i \in M, \ \forall p_n \in P \tag{8-18}$$

从起始任务服务到终止任务服务，采用 DSPLS 调度算法递归计算每个计算节点的权重值，得到 PRSS 表。

8.4.2　调度需要被服务的任务

除非任务 m_i 的所有前置任务都完成了调度和服务，否则不可能调度任务 m_i 并提供服务。如果可以为任务 m_i 提供服务，本章将任务 m_i 称为服务就绪状态。本章创建了一个任务服务就绪状态列表(service ready status list, SRSL)来对所有就绪状态的任务进行维护。一开始，只有 DAG 中的起始任务处于服务就绪状态，此时的服务就绪状态列表仅包含起始任务。计算服务就绪状态列表中每个任务的ESPT。计算节点 p_n 上任务 m_i 的 ESPT，$\text{ESPT}(m_i, p_n)$ 由式(8-10)计算获得。任务 m_i 在计算节点 p_n 上服务时的估计服务路径长度 $\text{ESPL}(m_i, p_n)$ 通过式(8-19)计算得到：

$$\text{ESPL}(m_i, p_n) = \text{ESPT}(m_i, p_n) + w(m_i, p_n) + \text{PRSS}(m_i, p_n)$$
$$\forall m_i \in M, \quad \forall p_n \in P \tag{8-19}$$

对于每个任务，可以在任何计算节点 $p_n \in P$ 处请求服务。对于服务就绪状态列表中的任务 m_i，m_i 的平均服务路径长度 $\text{ASPL}(m_i)$ 由式(8-20)表示：

$$\text{ASPL}(m_i) = \frac{\sum_{p_n \in P} \text{ESPL}(m_i, p_n)}{N}, \quad \forall m_i \in M \tag{8-20}$$

任务选择的服务路径不同，会有很大的时延差异。因此，首先选择服务就绪列表中服务路径最大的任务 m_i 进行服务调度，表示为

$$m_i = \max[\text{ASPL}(m_j)], \quad \text{path} \in \text{SRSL} \tag{8-21}$$

在整个作业被服务的过程中，优先给 ESPT 相关的任务提供服务，所以整个ESPT 会随着之前任务的服务调度而变化。因此，在相关任务的服务调度过程中，任务的服务调度选择会发生动态变化。

8.4.3　为待调度的任务选择服务部署的计算节点

本章将要调度的任务 m_i 分配给计算节点 p_m 以提供服务。这样的调度会缩短任务服务路径长度，从而减少总服务时间，如式(8-22)所示：

$$p_m = \min[\text{ESPL}(m_i, p_t)], \quad p_t \in P \tag{8-22}$$

如果多个边缘计算节点为任务 m_i 提供服务，并且可以获得相同的最小服务路径长度，将随机选择其中一个边缘计算节点为任务 m_i 提供服务。任务 m_i 的实际服务部署时间由式(8-11)确定。

在计算节点完成对任务 m_i 提供服务后，其他任务可能准备好接收调度并开始服务。所以，在此时更新了服务就绪列表。

本章使用 DSPLS 调度算法为调度的任务选择服务部署的计算节点。接下来，

我们将详细介绍 DSPLS 调度算法的具体内容。

算法 8-1　DSPLS 调度算法

输入：网络负载状况 D_q 和任务 M；

输出：对于任务 M 的服务部署策略；

1：选择网络通信链路；

2：生成服务时间矩阵；

3：$\text{PRSS}(m_i, p_n) \leftarrow \max\{\alpha_{i,n}, \beta_i\}$；

4：生成空的服务就绪列表，并将所有起始任务放入该表中；

5：**while** 就绪列表不为空时 **do**

6：　　**for** 对于任务就绪列表中的每个 m_i **do**

7：　　　　$\text{ASPL}(m_i) \leftarrow \dfrac{\sum\limits_{p_n \in P} \text{ESPL}(m_i, p_n)}{N}$

8：　　**end for**

9：　　$m_i \leftarrow \underset{\arg \text{path} \in \text{SRSL}}{\max}\{\text{ASPL}(m_j)\}$

10：　　$p_m \leftarrow \underset{\arg p_i \in P}{\min}\{\text{ESPL}(m_i, p_t)\}$

11：　　更新服务就绪列表；

12：**end while**

8.4.4　复杂度分析

DSPLS 调度算法由网络访问接入点选择、剩余服务时间、服务调度和服务节点选择四部分组成。在 DSPLS 调度算法中，核心网络的选择主要取决于网络中的队列长度。队列长度取决于任务数量 $O(P \cdot J)$。对于作业的剩余服务时间，DSPLS 调度算法递归计算每个任务在不同计算节点上从终止任务到基于 DAG 的作业的第一个起始任务的估计服务时间，需要时间 $O(P \cdot J^2)$。在每个任务被调度或调度服务之前，必须计算服务就绪列表中任务的 ESPT。服务就绪列表中的最大任务数为 $J-2$，ESPT 不会超过 $O(J \cdot (J-2) \cdot P) = O(P \cdot J^2)$。计算所有计算节点上服务就绪状态列表中每个任务服务的估计路径长度需要时间 $O(J)$，计算每个任务服务的平均路径长度需要时间 $O(1)$。因此，任务服务选择的时间复杂度为 $O(P \cdot J^2 \cdot P \cdot 1) = O(P^2 \cdot J^2)$。在上一次任务服务调度过程中已经计算了任务服务的 ESPL，因此需要时间 $O(1)$ 来确定计算节点为每个任务提供服务的时间；为所有 M 任务调度服务选择计算节点所花费的时间为 $O(J)$。更新服务就绪状态列表中的任

务需要时间 $O(J^2)$，因此 DSPLS 调度算法的总时间复杂度为

$$O(P \cdot J) \cdot O(P \cdot J^2) + O(P^2 \cdot J^2) + O(P) + O(P^2) = O(P^2 \cdot J^3) \tag{8-23}$$

8.5　实验与分析

本节通过比较四种调度算法，即异构最早完成时间[19](heterogeneous earliest finish time，HEFT)调度、基于蚁群算法的低延迟调度[20](ant-colony based low delay scheduling，ACLDS)、SJF 调度和 FCFS 调度[22]，来评估所提出调度算法 DSPLS 的性能。对于图 8-3 和表 8-2 所示的 DAG 示例，五种调度算法的结果如图 8-4 所示。在这个示例中，可以看到 DSPLS 调度算法在调度完成方面优于其他四种算法。这表明，基于 DAG 的约束，DSPLS 调度算法在异构环境中能够更好、更快地完成调度。

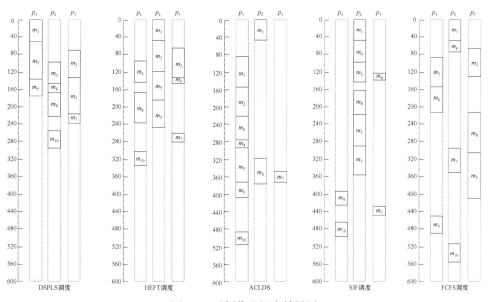

图 8-4　示例作业调度结果图

本章在调度长度比(schedule length ratio，SLR)方面进一步评估了五种算法的性能。SLR 是忽略定义的通信时间，得到调度长度与最小调度长度的比值，如式(8-24)所示：

$$\text{SLR} = \frac{\text{workspan}}{\sum\limits_{m_i \in \text{CP}_{\text{MIN}}} \min[w(p_n, m_i)]}, \quad p_n \in P \tag{8-24}$$

其中，CP_{MIN} 是忽略任务之间的通信时间后，基于 DAG 的操作中关键路径的最小路径长度。

8.5.1　模拟实验环境设置

本章的仿真实验假设每个边缘计算节点都是一个单核处理器，这样可以将任务组件分配给不同的节点进行服务请求。本章将算法分为两部分进行评估：第一部分分别比较了 DAG 任务的调度；第二部分是在 EUA[23]数据集中与其他服务部署算法进行比较。

第一部分使用随机生成的 DAG，本章使用 8 个参数来生成 DAG[24]。以下是本章实验中使用的参数和设置的说明。

DAG 工作 J 中包含任务数：$J \in \{9,10,11,13,15,27\}$；

DAG 中每一层的任务数：$regularity \in \{0.2, 0.8\}$；

在生成的 DAG 中，边可以跨越层的最大跨度：$jump \in \{1,2,4\}$；

DAG 中层与层之间的边数：$density \in \{0.2, 0.8\}$；

DAG 中的纵横比：$fat \in \{0.1, 0.4, 0.8\}$；

DAG 中任务之间的平均通信时间与任务平均计算时间的比值：$CCR \in \{0.1, 0.5, 0.8, 1.0, 1.3, 1.5\}$；

边缘计算节点数：$N \in \{3\}$；

计算时间的所有相关任务之间的差异：$\alpha \in \{0.2, 0.3, 0.5, 0.6, 1.0\}$。

在本章的模拟中，使用以上参数随机生成 DAG 来测试本章提出的算法调度性能。

第二部分使用真实环境下的数据集。本章使用 EUA[23]数据集对服务部署进行模拟实验。该数据库维护一组 EUA[23]数据集，这些数据集是从现实世界的数据源中收集的。这些数据集是公开发布的，以促进边缘计算的研究。该数据集中的数据均来自澳大利亚。数据集包括边缘处理器和用户的经纬度信息。

8.5.2　通过随机生成 DAG 来评估算法调度性能

图 8-5 显示了各算法在不同工作的任务数量下完成调度所需的时间。一般来说，调度完成时间会随着任务数量的增加而增加。由实验结果可以看出，DSPLS 调度算法实现了最短的调度完成时间。HEFT 调度算法在为任务分配服务节点时，会考虑当前任务的最早完成时间，通过为所有任务分配优先级的策略，将任务分配给服务节点。但该算法没有考虑当前任务分配对后续任务的影响，后续任务调度过程中可能会丢失一定的通信时延，导致整体调度时间增加。ACLDS 算法是一种基于蚁群的高效低延迟调度算法。该算法的优点是决策速度快，运行参数根据节点状态动态调整。首先，任务调度按平均执行时间和随后的最大任务通信和

执行时间来确定优先级。然后,通过任务的最早开始时间与最早完成时间的比值,确定该任务应该由哪个计算节点执行。但是,在调度的初始阶段,该算法倾向于将任务分配给执行时间最少的节点,忽略了通信时延对总时延的影响,不利于短任务调度。SJF 调度算法只保证最短的任务可以最早被调度,对于长任务无法保证调度完成时间。从本章的仿真实验可以看出,短作业优先调度在任务少的作业中,算法略领先于 ACLDS 算法。然而,当任务数量较大时,ACLDS 算法的性能优于 SJF 调度算法。FCFS 调度算法只考虑任务到达服务节点的最早时间。这种算法对于任务分配来说是比较公平的,但是如果先调度需要较长服务时间的任务,会导致后面的服务时间较短的任务需要大量的等待时间。DSPLS 调度算法通过联合考虑当前任务和所有后续任务来创建剩余服务调度。在根据式(8-12)和式(8-16)建表的过程中,DSPLS 算法针对所有任务都考虑了服务节点的数量和并行任务的数量,综合任务前后依赖关系以及服务节点状态进行服务部署和调度。因此,本章提出的 DSPLS 调度算法完成调度时间早于 HEFT 调度、ACLDS、SJF 调度和FCFS 调度等算法。

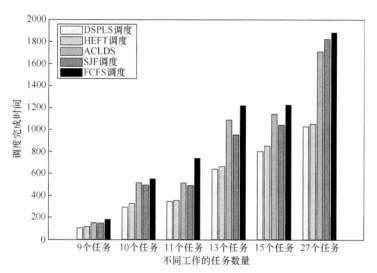

图 8-5   各算法在不同工作的任务数量下完成调度所需时间

图 8-6(a)显示了各算法在不同工作的任务数量下的平均 SLR。在服务节点数量相同但任务不同的情况下,DSPLS 算法的平均 SLR 总是最低的。这种情况是因为 DSPLS 算法综合考虑了当前任务、服务节点状态以及后续任务之间的关系,提升了调度性能。其余四种算法没有考虑后续任务的状态和调度过程中的通信时延,导致平均 SLR 较高。同样,也可以从图 8-7(a)中看到,当任务数量较少时,SJF 调度算法的调度性能优于 ACLDS 算法。一旦任务数量增加,ACLDS 算法的性能优于 SJF 调度算法。从实验结果来看,这种情况符合两种算法各自的特点。

本章随机生成了一系列 DAG 来模拟不同算法在调度一批任务时所花费的总时间，如图 8-6(b)所示。在批量调度任务时，DSPLS 调度算法的调度完成时间总是小于其他调度算法。在批处理环境下，算法之间的调度差异被放大，便于比较各算法的调度性能。DSPLS 调度算法综合考虑当前任务、当前服务节点状态及后

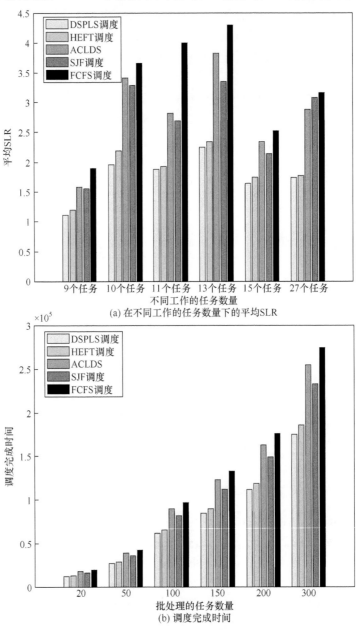

(a) 在不同工作的任务数量下的平均SLR

(b) 调度完成时间

图 8-6 各算法的平均 SLR 以及调度完成时间

续相关任务，尽可能减少任务的等待时间。其他四种算法只针对当前任务调度，忽略后续相关任务和服务节点状态。值得注意的是，批处理环境下 ACLDS 算法的总调度时延始终高于 SJF 算法。之所以会这样，是因为本章实验环境的问题。在本章的实验环境中产生了很多小任务，导致 ACLDS 算法的性能较差。但是，这并不意味着 ACLDS 算法不好。在文献[20]中，采用 ACLDS 算法重点测试了数百个任务的调度性能。该实验结果还表明，不同的调度算法有适合各自的最佳执行场景。

8.5.3 EUA 数据集环境中的服务部署性能评估

在这个阶段，有各种设备连接到互联网。本章假设在未来，每台设备都会有多种访问互联网的方式。在这种情况下，存在网络访问接入点选择的问题。因此，本章在 DSPLS 调度算法中添加了网络访问接入点选择。本章提出网络访问接入点选择以减少用户上传任务的传输时延。如图 8-7 所示，本章比较了几种网络选择算法。根据式(8-7)排队论优化过后的网络传输时延，可以看出本章算法拥有最小的传输时延。其中，Worst 算法就是每次传输都选择最差的传输信道，该算法作为网络选择性能的基线。生长随机网络(growing random network，GRN)算法[25]随机选择网络通道，优点是在不考虑信道状态的情况下进行数据传输，但可能会选择信号状态正常或较差的信道进行通信，导致网络平均性能较差。选择自动重传请求(selective repeat automatic repeat request，(SR)ARQ)算法[26]采用轮询方式进行网络信道传输。每次选择的频道都与上一次不同。该算法保证了传输线负载的平

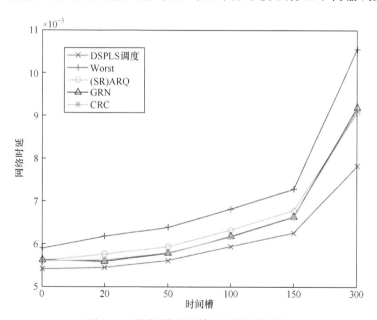

图 8-7 不同网络选择算法下的网络时延

衡，但不能保证每次都能选择到最佳传输通道。循环冗余校验(cyclic redundancy checking，CRC)算法[27]的原理是通过哈希值来选择网络传输通道，其目的也是保证网络中所有通道的平衡。本章通过排队理论提出的网络选择算法是根据当前信道状态确定的传输线路，每次选择时延最低的传输线路。因此，本章的算法保证了网络的传输性能。

在 EUA[23]数据集环境下，本章对比了本地贪婪生成[28](local-greedy-gen，LGG)算法、分布式数据流[29](distributed dataflow，DDF)算法、边缘优先模块部署[30](edge-ward module placement，EWMP)算法和可靠冗余服务部署[31](reliable redundant services placement，RRSP)算法。本章使用随机生成的任务，并通过不同的服务部署算法进行性能比较。本章主要从总服务时间来评估算法的性能。总服务时间包括用户传输任务到边缘服务节点的传输时间和服务节点的服务时间。

图 8-8 显示了 EUA[23]环境下不同算法在批处理任务中的总服务时间。一般来说，随着任务数量的增加，任务的整体服务时间也会增加。LGG 算法在传输任务前会选择数据传输网络，数据传输时延比较低。然而，LGG 算法选择离用户最近的服务节点来提供服务。这导致单个服务节点长时间处于高负载状态，后续任务等待时间过长才被服务。DDF 算法在数据传输前不进行网络选择，数据传输是随机选择链路，传输时延比较高。该算法使用随机选择的多个节点同时部署服务，提高服务的并行度。EWMP 算法在网络选择上与 DDF 算法一致。然而，在服务节点的选择上，EWMP 算法会首先评估并选择合适的节点进行服务部署。RRSP

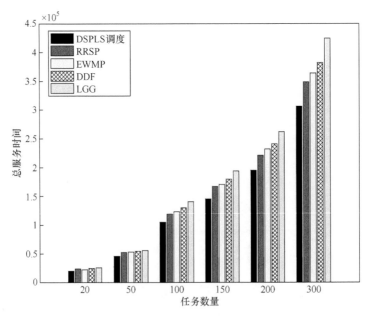

图 8-8　批处理任务中服务部署算法的比较

算法主要用于特定环境下的服务部署决策，保证服务的高可用性，通过评估节点的可靠性来部署服务。通过可靠性评估，算法倾向于在可靠节点提供更多服务。通常，可靠节点拥有更多的资源，可以处理更多的任务请求。因为是特殊环境，可能没有选择网络链接的条件。因此，在本章的实验环境中损失了一部分通信性能。从图 8-8 可以看出，RRSP 算法在 20 个任务的环境中性能略低于 EWMP 算法。随着任务数量的增加，RRSP 算法的性能要好于 EWMP 算法。本章提出的DSPLS 调度算法不仅包括网络选择，而且在服务投放过程中充分考虑了任务的DAG 依赖性，选择多个服务节点进行服务投放。这不仅减少了数据传输时延，还减少了完成任务所需的服务时延。

8.6　本章小结

本章从两个方面提高系统性能：减少传输时延和减少服务调度部署的时间。本章结合网络访问接入点选择和 DAG 相关依赖关系，提出了一种服务部署算法。本章对算法的网络选择和 DAG 调度两部分进行了仿真实验，以验证本章所提算法的性能。本章中的许多场景都是基于假设的理想化建模。在未来的研究中，将适当减少假设，使模型更接近现实生活。例如，在服务任务组件时，边缘计算节点的状态发生变化，我们需要研究如何智能地调整服务部署策略，以及如何更加智能地进行任务组件的拆分和分发。不一定所有的任务都需要拆分到不同的节点执行，多核设备也可以并行完成任务。随着物联网和边缘计算的发展，本章的解决方案为未来的相关研究提供了基础。

参 考 文 献

[1] Wu D, Huang X, Xie X F, et al. LEDGE: Leveraging edge computing for resilient access management of mobile IoT[J]. IEEE Transactions on Mobile Computing, 2021, 20(3): 1110-1125.

[2] Abu A H, Mustikovela S K, Mescheder L, et al. Augmented reality meets computer vision : Efficient data generation for urban driving scenes[J]. International Journal of Computer Vision, 2018, 126(9): 961-972.

[3] Lai Z Q, Hu Y C, Cui Y, et al. Furion: Engineering high-quality immersive virtual reality on today's mobile devices[J]. IEEE Transactions on Mobile Computing, 2020, 19(7): 1586-1602.

[4] Xu W Q, Song H Y, Hou L Y, et al. SODA: Similar 3D object detection accelerator at network edge for autonomous driving[C]//IEEE Conference on Computer Communications, Vancouver, 2021: 1-10.

[5] Colak I, Bayindir R, Sagiroglu S. The effects of the smart grid system on the national grids[C]// 2020 8th International Conference on Smart Grid, Paris, 2020: 122-126.

[6] Paul P V, Saraswathi R. The internet of things—A comprehensive survey[C]//2017 International

Conference on Computation of Power, Energy Information and Communication, Melmaruvathur, 2017: 421-426.

[7] Velosa A, Perkins E, LeHong H, et al. Predicts 2015: The Internet of Things[EB/OL]. https://www. gartner.com/en/documents/2952822.[2023-3-5].

[8] Zeng J M, Banerjee I, Gensheimer M, et al. Cancer treatment classification with electronic medical health records (student abstract)[J]. Proceedings of the AAAI Conference on Artificial Intelligence, 2020, 34(10): 13981-13982.

[9] Wan Y X, Xu K, Xue G L, et al. IoTArgos: A multi-layer security monitoring system for internet-of-things in smart homes[C]//IEEE Conference on Computer Communications, Toronto, 2020: 874-883.

[10] Zhang Y Q, He J B, Guo S T. Energy-efficient dynamic task offloading for energy harvesting mobile cloud computing[C]//2018 IEEE International Conference on Networking, Architecture and Storage, Chongqing, 2018: 1-4.

[11] Bi S Z, Huang L, Zhang Y J A. Joint optimization of service caching placement and computation offloading in mobile edge computing systems[J]. IEEE Transactions on Wireless Communications, 2020, 19(7): 4947-4963.

[12] Mosa A, Sakellariou R. Dynamic virtual machine placement considering CPU and memory resource requirements[C]//2019 IEEE 12th International Conference on Cloud Computing, Milan, 2019: 196-198.

[13] Poularakis K, Llorca J, Tulino A M, et al. Joint service placement and request routing in multi-cell mobile edge computing networks[C]//IEEE Conference on Computer Communications, Paris, 2019: 10-18.

[14] Loghin D, Ramapantulu L, Teo Y M. On understanding time, energy and cost performance of wimpy heterogeneous systems for edge computing[C]//IEEE International Conference on Edge Computing, Honolulu, 2017: 1-8.

[15] Horner L J. Edge strategies in industry: Overview and challenges[J]. IEEE Transactions on Network and Service Management, 2021, 18(3): 2825-2831.

[16] Xie G Q, Zeng G, Li R F, et al. Energy-aware processor merging algorithms for deadline constrained parallel applications in heterogeneous cloud computing[J]. IEEE Transactions on Sustainable Computing, 2017, 2(2): 62-75.

[17] Ouyang T, Rui L, Xu C, et al. Adaptive user-managed service placement for mobile edge computing: An online learning approach[C]//IEEE Conference on Computer Communications, Paris, 2019: 1468-1476.

[18] Lau T L, Tsang E P K. The guided genetic algorithm and its application to the generalized assignment problem[C]//Proceedings Tenth IEEE International Conference on Tools with Artificial Intelligence, Taipei, 1998: 336-343.

[19] Munir E U, Mohsin S, Hussain A, et al. SDBATS: A novel algorithm for task scheduling in heterogeneous computing systems[C]//2013 IEEE International Symposium on Parallel and Distributed Processing, Cambridge, 2013: 43-53.

[20] Yang P, Liu J, Chen C, et al. An efficient low delay task scheduling algorithm based on ant

colony system in heterogeneous environments[C]//2020 IEEE 22nd International Conference on High Performance Computing and Communications, Yanuca Island, 2020: 519-524.

[21] Munch-Andersen B M A, Zahle T U. Scheduling according to job priority with prevention of deadlock and permanent blocking[J]. Acta Informatica, 1977, 8(2): 153-175.

[22] Peha J M, Tobagi F A. Evaluating scheduling algorithms for traffic with heterogeneous performance objectives[C]//IEEE Global Telecommunications Conference and Exhibition, San Diego, 1990: 21-27.

[23] Phu L, Qiang H, Mohamed A, et al. Optimal edge user allocation in edge computing with variable sized vector bin packing//The 16th International Conference on Service-Oriented Computing, Hangzhou, 2018: 230-245.

[24] Kaur R, Singh G. Genetic algorithm solution for scheduling jobs in multiprocessor environment[C]// 2012 Annual IEEE India Conference, Kochi, 2012: 968-973.

[25] Krapivsky P L, Redner S, Leyvraz F. Connectivity of growing random networks[J]. Physical Review Letters, 2000, 85(21): 4629-4632.

[26] Fantacci R, Nannicini S, Pecorella T. Performance evaluation of polling protocols for data transmission on wireless communication networks[J]. Telecommunication Systems, 2002, 21(1): 9-33.

[27] Jain R. A comparison of hashing schemes for address lookup in computer networks[J]. IEEE Transactions on Communications, 1992, 40(10): 1570-1573.

[28] Borst S, Gupta V, Walid A. Distributed caching algorithms for content distribution networks[C]// 2010 Proceedings IEEE INFOCOM, San Diego, 2010: 1-9.

[29] Giang N K, Blackstock M, Lea R, et al. Developing IoT applications in the fog: A distributed dataflow approach[C]//2015 5th International Conference on the Internet of Things, Seoul, 2015: 155-162.

[30] Gupta H, Vahid Dastjerdi A, Ghosh S K, et al. iFogSim: A toolkit for modeling and simulation of resource management techniques in the internet of things, edge and fog computing environments[J]. Software: Practice and Experience, 2017, 47(9): 1275-1296.

[31] Huang H, Zhang H T, Guo T Y, et al. Reliable redundant services placement in federated micro-clouds[C]//2019 IEEE 25th International Conference on Parallel and Distributed Systems, Tianjin, 2020: 446-453.

第 9 章　移动场景中时延敏感程序的服务部署策略

9.1　引　　言

延迟敏感应用程序 QoS 与 MEC 中的服务部署策略密切相关。用户在 MEC 场景中处于运动状态，之前的最佳服务部署策略可能会在几分钟内变成非最佳服务部署策略。因此，在为 MEC 中延迟敏感的应用程序设计服务部署策略时，考虑用户的动态至关重要。从另一个角度来看，服务器的能耗也是整个 MEC 系统中不可忽视的一部分。本章研究的目标是在能源消耗的约束下最大限度地提高服务质量。本章对 MEC 环境中延迟敏感应用程序的服务部署问题进行建模，同时考虑服务器的能源成本。为了解决这个问题，本章设计一种新颖的改进遗传算法。该算法在遗传算法的基础上综合了模拟退火算法的优点。本章进行了实验来验证所提出算法的性能。

9.2　移动场景的分析及存在的问题

在过去的十几年中，移动通信技术以人们无法想象的速度和方式影响人们的生活和社会。如今，智能移动设备在通信、医疗、商务、娱乐等多个领域发挥着举足轻重的作用。预计到 2027 年底，全球 5G 用户将达到 44 亿[1]。随着智能移动设备的增多，MEC 服务器必须根据自身的计算性能、内存大小、磁盘容量、能耗等因素，考虑能否为用户提供满意的服务[2]。MEC 服务器通常分布在用户附近，比用户的智能移动设备拥有更多的资源。在这些服务器上部署服务，可以为用户提供计算、存储、网络传输等服务[3]。在 MEC 中，服务器处理用户请求的相应时间是整个 MEC 服务质量的重要指标。服务效率与用户和服务器的距离有关。距离越近，传输延迟越小，服务效率越高，用户越容易获得满意的使用体验。

本章所研究的场景是任务设备处于运动状态的，根据运动速度和运动时间的不同，往往可以跨越多个通信区域。对于这类场景如何提供服务，何时提供服务，何时迁移服务都是必须考虑的问题。随着智能应用的普及[4]，用户对实时应用的要求越来越高。传统的云计算架构面对这样的挑战略有困难。在 MEC 环境中，距离用户更近的边缘处理器可以提供比核心云更低延迟的服务。MEC 的这一特性使其成为延迟敏感型应用程序的必要基础设施。MEC 面临的主要挑战是如何部署相应的服务来处理用户提交的请求。由于用户的移动性，用户与边缘处理器之间的距离不是固定的，效率低下的服务部署策略可能导致整体 QoS 较差。

近年来，随着物联网基础设施的建设，边缘处理器、移动计算节点和各种传感器呈指数级增长。然而，各种数据信息需要在整个 MEC 中进行存储、传输和计算，这给整个 MEC 架构带来了巨大的能源成本[5]。移动应用正在消耗越来越多的存储资源、计算资源和能源。在 MEC 架构中，在部署服务的决策过程中，不仅要考虑存储和计算资源的消耗，还要考虑能源的消耗。边缘计算节点在正常工作负载和超频工作负载下消耗的能量是不同的[6]。与云服务器相比，边缘处理器的运营成本预计会较高，因为每次操作的成本高度依赖系统的整体规模[7]。对于 MEC 运营商而言，服务的部署不仅要考虑计算节点本身的资源情况，还要考虑计算节点本身的能源成本。因此，在对延迟敏感应用程序的 MEC 服务部署中，应考虑延迟和能耗两个方面。

服务部署策略是提升对延迟敏感的应用程序请求速度和降低 MEC 整体能耗的决定性因素，也是降低运营成本的重要一环。给定一组边缘计算节点和一组用户执行程序的请求，在边缘计算节点上部署与请求对应的服务，以最大化 QoS，同时考虑用户移动性、资源需求和能源消耗。由于用户在 MEC 中处于运动状态，之前的最佳服务部署策略可能会在几分钟内变成非最佳服务部署策略。如果根据用户位置频繁调整服务部署策略，可能会导致 MEC 整体服务质量不佳。因此，在为 MEC 中延迟敏感的应用程序设计服务部署策略时，考虑用户动态至关重要。用户的移动性可能是不可预测的，并且用户的位置在未来是未知的。因此，服务部署策略应考虑用户所在位置的不确定性。

在该部分的研究中，本章提出的系统模型主要参考文献[8]，该文献主要通过核心云进行统一决策，在靠近最终用户的网络边缘构建小规模的云基础设施 Cloudlet，主要研究如何计算 MEC 中的任务完成时间，并对 MEC 中的边缘计算节点能耗进行分析。之后，又进一步研究如何在用户网络附近部署 Cloudlet，在满足用户时延要求的情况下将每个请求的任务分配给 Cloudlet 可以使得能耗最小。而本章提出的 MEC 系统模型则是不涉及核心云的部分，只关注 MEC 中的边缘处理器。本章主要研究如何为移动中的用户提供高质量的服务。对于本部分的研究，本章提出的系统模型与原有模型的出发点不同。本章模型更多关注用户的移动性、边缘处理器的资源以及能耗成本，而原有模型以核心云的决策作为出发点。本章提出的系统模型在 9.3 节进行详细介绍。

9.3　模型设计及问题形式化

9.3.1　系统模型

本节构建一个 MEC 场景，包括 MEC 中的 N 个边缘处理器，$ES = \{ES_1, ES_2,$

$ES_3, \cdots, ES_N\}$。同时，M 个用户请求边缘处理器的服务，$U = \{U_1, U_2, U_3, \cdots, U_M\}$。本章的 MEC 网络服务模型如图 9-1 所示。在网络模型中，边缘处理器 ES_j 和信号基站部署在同一个地方。其边缘服务节点的计算能力用 C_j 表示。边缘处理器根据自己的资源启动容器，为任务提供服务。用户 U_i 通过 4G/5G/Wi-Fi 等方式将任务卸载到边缘处理器的容器中。本章假设模型中的所有用户都可以访问边缘处理器。用户 U_i 请求的边缘处理器的可用资源大小 $\mathbb{C}_i$ 可以用等效容器的个数来表示。完成用户任务所用的时间由 ω_i 表示。

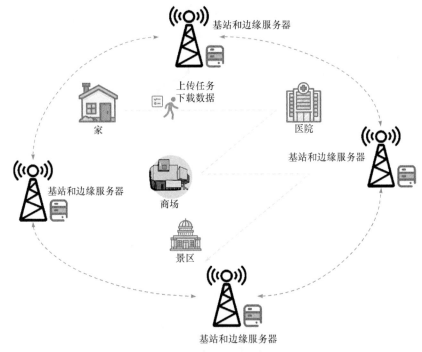

图 9-1　MEC 网络服务模型

在本章的网络模型中，假设服务部署策略是在一个时间槽的周期性间隔内制定的。为了描述方便，本章将边缘处理器和用户位置放在一个二维单元格中。在某个时间段，用户的位置不会改变。但是，用户位置可能会在未来的时间槽中发生变化。本章的目标是根据边缘处理器的资源状态和能耗来部署服务，以最大化 QoS。公式中使用的符号，如表 9-1 所示。

表 9-1　公式参数表

符号	定义
ES	一组边缘处理器，$ES = \{ES_1, ES_2, ES_3, \cdots, ES_N\}$

续表

符号	定义
U	一组用户，$U = \{U_1, U_2, U_3, \cdots, U_M\}$
T	时间槽集，$T = \{1, 2, 3, \cdots, t\}$
QoS_{ij}^t	边缘处理器 ES_j 在时间槽 t 内为用户 U_i 提供的服务质量
AEC	平均能耗成本
d_{ij}^t	在时间槽 t 内用户 U_i 与边缘处理器 ES_j 的曼哈顿距离
$\mathbb{P}_j$	边缘处理器 ES_j 的能耗预算
σ	传输介质效率的常数参数
γ	能耗系数
R_i	用户 U_i 请求服务的数据量
C_j	边缘处理器的计算能力
$\kappa_{jj'}$	将服务从 ES_j 迁移到 $ES_{j'}$ 的成本
x_{ij}	二进制变量。边缘处理器 ES_j 是否为用户 U_i 提供服务，$x_{ij} = 1$ 表示提供服务，$x_{ij} = 0$ 表示不提供服务
$\mathbb{C}_j$	边缘处理器 ES_j 的可用资源
ω_i	完成任务 i 的总服务时间
$E_\delta[\cdot]$	移动场景中的期望
X^t	二元决策变量 x_{ij}^t 的向量
$y_{ijj'}^t$	二进制变量，如果服务迁移在时间槽 t 发生，则为 1，否则为 0
Y^t	二元决策变量 $y_{ijj'}^t$ 的向量
$q_t(X^t, Y^t)$	时间槽 t 中的目标函数

　　服务部署问题的目标是最大化系统的 QoS。系统的 QoS 是除了迁移开销之外所有用户的服务质量之和。延迟敏感型应用的时延主要来自传输时延和计算时延。本章将计算时延表示为边缘处理器提供的服务时间。服务时间越短，表示边缘处理器的计算能力越强。相反，服务时间越长，表示边缘处理器的计算能力越差。因此，本章的 QoS 主要取决于用户与边缘处理器的距离、请求处理的数据量以及边缘处理器处理请求所提供的服务时间。将服务放在离用户较近、提供服务时间

较短的边缘处理器上，用户将获得较高的 QoS。用户 U_i 在时间槽 t 内从边缘处理器 ES_j 收到的服务质量定义为

$$QoS_{ij}^t = \sigma \frac{R_i}{d_{ij}} + \frac{R_i}{C_j} \qquad (9-1)$$

其中，σ 是一个常数参数，用来表示传输介质的效率；R_i 表示用户 U_i 任务请求的数据量；d_{ij} 表示用户 U_i 和边缘处理器 ES_j 之间的曼哈顿距离；C_j 表示边缘处理器的计算能力。从式(9-1)可以看出，在时间段 t 内，如果服务靠近用户，用户卸载的任务数量较多，可以获得较高的 QoS。

9.3.2 用户与边缘处理器之间的曼哈顿距离

曼哈顿距离[9]也称为出租车距离，是用于几何测量空间的几何术语，表示标准坐标系中两点的总绝对轴距。在本章的网络模型中，将用户和边缘处理器置于二维坐标中。用户 U_i 位于时间槽 t 的单元格 (A_u, B_u) 中，边缘处理器 ES_j 位于单元格 (A_{ES}, B_{ES})。因此，时间槽 t 中用户 U_i 与边缘处理器 ES_j 之间的距离 d_{ij}^t 如式(9-2)所示：

$$d_{ij}^t = |A_u - A_{ES}| + |B_u - B_{ES}| \qquad (9-2)$$

迁移成本 $\kappa_{jj'}$ 表示用户 U_i 的任务从边缘处理器 ES_j 转移到边缘处理器 $ES_{j'}$ 以继续提供服务所需的成本。因此，如果边缘处理器能够持续为用户提供服务直到任务结束，那么迁移成本为零。换句话说，在没有服务迁移需求的情况下，$\kappa_{jj'} = 0$。在本章的网络模型中，迁移成本与新服务部署的处理器之间的距离成正比，即曼哈顿距离。用户 U_i 在时间槽 t 中的位置是已知的，但是用户在未来时间槽中的位置是未知的。服务部署是否需要迁移取决于未来的用户位置和处理器状态。

9.3.3 能耗成本

本章使用 $\mathbb{P}_j$ 来表示边缘处理器 ES_j 的能耗预算。边缘处理器 ES_j 为用户 U_i 的任务提供的服务期间的能耗由式(9-3)给出：

$$P_{ij} = \gamma \frac{R_i}{C_j} \qquad (9-3)$$

其中，γ 是一个常数参数，代表不同处理器的能耗系数；R_i 是服务请求的数据量；C_j 是边缘处理器的计算能力；R_i 与 C_j 的比值表示处理器 ES_j 完成用户 U_i 任务请求所需的 CPU 周期数。根据 CPU 周期数，可以计算出处理器为任务提供服务所消耗的能量。同时，γ 也显示了不同处理器在能耗方面的异质性。

图 9-2(a)显示了系统在不考虑计算资源和能耗约束的理想状态下的 QoS 和平

均能耗成本。图9-2(b)~(d)显示了三种不同服务部署策略的QoS和平均能耗成本。在这些图中，用户圆圈的大小代表了用户任务 R_i 的数据量大小。图中，矩形代表模型中的边缘处理器。图中的直线表示边缘处理器为这些用户提供服务。在这个例子中，为了简要描述问题，假设每台边缘处理器的计算能力和能耗系数都相同。假设每台处理器的能耗预算为 100 单位，计算资源为 20 单位，CPU 周期为 30M cycles。用户任务请求的数据量为 30~120。本章设置 $\sigma = 5$ 和 $\gamma = 10$。本章将系统的平均能耗成本定义为

$$\text{AEC} = \frac{\sum\limits_{i \in U} \sum\limits_{j \in ES} P_{ij} x_{ij}}{N} \tag{9-4}$$

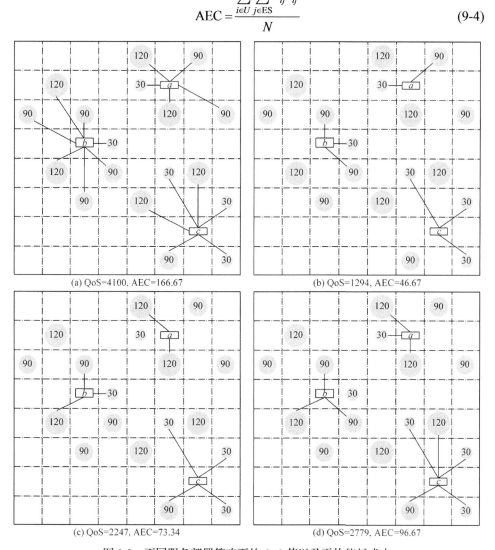

图 9-2　不同服务部署策略下的 QoS 值以及平均能耗成本

其中，x_{ij}是一个二进制变量。如果$x_{ij}=1$，则处理器ES_j为用户U_i提供服务；如果$x_{ij}=0$，则代表处理器不为用户提供服务。

在图9-2(a)中，边缘处理器a、b和c的三个QoS值的总和构成了系统的整体QoS。其中边缘处理器a的QoS值1440。同样，可以计算得到的边缘处理器b和边缘处理器c的QoS分别为1721和939。在图9-2(a)中，边缘处理器a的能耗成本为150。同理也可以得到边缘处理器b和边缘处理器c的能耗成本分别为210和140，所以平均能耗成本为166.67。图9-2(b)~(d)是分别考虑计算资源和能源消耗成本约束的服务部署策略。其中，图9-2(b)的QoS值为1294，AEC值为46.67；图9-2(c)的QoS值为2247，AEC值为73.34；图9-2(d)的QoS值为2779，AEC值为96.67。

9.3.4　问题形式化

本章建立一个在MEC中具有边缘处理器资源和能耗约束的编程模型。在该模型中，MEC的服务部署策略是基于时间槽t中用户与边缘处理器的距离以及处理器的状态设计的。在此期间，还增加了能源消耗预算。本章的目标是找到最大的QoS值，即最佳的服务部署策略，同时满足每个时间槽的能耗预算和处理器资源约束。因此，服务部署策略的目标函数由以下公式表示：

$$q_t(X^t,Y^t) := \sum_{i\in U}\sum_{j\in ES}\left(\sigma\frac{R_i}{d_{ij}^t}+\frac{R_i}{C_j}\right)x_{ij}^t - \sum_{j'\in ES}\kappa_{jj'}y_{ijj'}^t \tag{9-5}$$

其中，x_{ij}^t和$y_{ijj'}^t$分别表示向量X^t和Y^t的决策变量。两个决策变量定义如下：① $x_{ij}^t=1$表示在时间槽t内，处理器ES_j向用户U_i提供服务，否则$x_{ij}^t=0$；② $y_{ijj'}^t=1$表示在时间槽t内，用户U_i的任务从处理器ES_j迁移到处理器$ES_{j'}$提供服务，否则$y_{ijj'}^t=0$。

因此，时间槽t的服务部署问题可表述为

$$QoS_t = \max\sum_{i\in U}\sum_{j\in ES}\sum_{t=1}^{\omega}\left(\sigma\frac{R_i}{d_{ij}^t}+\frac{R_i}{C_j}\right)x_{ij}^t + E_\delta\left[\sum_{t'=t+1}^{\omega}q_{t'}\left(X^{t'},Y^{t'}\right)\right] \tag{9-6}$$

同时，它具有以下约束：

$$\sum_{i\in U}\frac{R_i}{C_j}\leqslant \mathbb{C}_j,\quad \forall j\in ES \tag{9-7}$$

$$\sum_{i\in U}\gamma\frac{R_i}{C_j}\leqslant \mathbb{P}_j,\quad \forall j\in ES \tag{9-8}$$

$$\sum_{j\in ES}x_{ij}^{t'}\leqslant 1,\quad \forall i\in U,\quad t'\in\{t,\cdots,\omega\} \tag{9-9}$$

$$R_i^t \leqslant R_i^{t'}, \quad \forall i \in U, \ t' \in \{t, \cdots, \omega\} \tag{9-10}$$

$$x_{ij}^t + x_{ij'}^{t'} - 1 \leqslant y_{ijj'}^{t'}, \quad \forall i \in U, \ \forall j \in \mathrm{ES}, \ \forall j' \in \mathrm{ES}$$
$$t \in \{1, 2, \cdots, \omega\}, \quad t' \in \{1, 2, \cdots, \omega\}; j \neq j', t \neq t' \tag{9-11}$$

$$x_{ij}^t, y_{ijj'}^t \in \{0, 1\}, \quad \forall i \in U, \ \forall j \in \mathrm{ES}, \ \forall j' \in \mathrm{ES}, \ t \in \{1, 2, \cdots, \omega\} \tag{9-12}$$

式(9-5)的目标函数是最大化服务质量并减去后续迁移成本的期望值。其中 $\kappa_{jj'} y_{ijj'}^t$ 是移动场景中迁移代价的期望值，$q_t(X^t, Y^t)$ 是定义的目标函数的时间间隔。其中 $E_\delta[\cdot]$ 是移动场景中迁移成本的期望值，ω 是定义的目标函数的时间间隔。式(9-7)是处理器资源约束，即处理器为用户提供的服务不能超过处理器自身的资源限制。类似地，式(9-8)表达了能源消耗资源成本约束。提供服务的处理器不应超过其自身的能源成本。约束(9-9)表示在一个时间槽内只有一台处理器为任务 i 提供服务。约束(9-10)表示任务 i 的数据是连续服务的，下一时刻需要服务的数据量比上一时刻要少。约束(9-11)确保在迁移服务时，服务部署策略会相应更改。约束(9-12)确保服务部署策略是二元变量。

解决 MEC 服务部署问题的难点在于需要考虑服务资源和能源消耗的成本。目标是获得最高的 QoS 并且不超过资源和能源成本限制。另一个难点是服务部署策略高度依赖于场景中用户的任务数量。当场景中的用户任务不多时，很好找出最佳的服务部署策略。但是，在任务数量非常多的场景中，往往需要花费大量时间才能找到最佳的服务部署策略。基于模拟仿生学的方法已被证明在类似问题上是有效的。在本研究中，使用改进的遗传算法来解决 MEC 场景中时延敏感程序的服务部署问题。

9.4　算　法　设　计

MEC 中服务部署问题的网络模型是一个多时间槽的随机选择问题。其目的是在资源和能源成本的约束下，为用户提供优质的服务，满足用户对实时性的需求。显然，由于计算复杂度高，要准确评估 MEC 网络模型中服务部署策略的成本和约束条件并不容易。另外，从数学理论的角度来看，问题函数是高度非凸和不连续的。因此，寻找服务部署策略的预期成本非常复杂。

遗传算法(genetic algorithm，GA)[10]是一种通过模拟自然进化过程来寻找最优解的方法。但是遗传算法的爬升能力较差，容易过早收敛，导致结果陷入局部最优，获得全局最优的概率较低。

模拟退火(simulated annealing，SA)[11]算法是一种基于物理学中退火过程的算法。该算法有概率跳出局部极值点，避免程序陷入局部最优。该算法还允许以一定的概率选择较差的解作为最优解，具有较强的适应性和收敛性。

本章提出服务部署改进的遗传算法(service placement using improved genetic algorithm，SPIGA)。该算法从遗传算法中获得了较高的收敛速度，从模拟退火算法中获得了全局最优可能性。在本章的 MEC 场景中，每个时间槽 t 中的所有参数都是已知量，这些参数用于做出服务部署决策。整个算法就是在每个时间槽 t 中根据场景环境制定服务部署策略。

首先计算当前场景中每个任务在时间槽内的 QoS 值和能耗成本。在场景中有一个任务簇 M，算法中的任务 i 和 a 都属于这个任务簇。然后初始化遗传算法需要的一些参数。其中，N 代表种群规模，G 代表进化迭代次数，C_p 代表交叉概率，V 代表种群适应度，k 代表程序设定的最大迭代次数，τ 代表适应度不更新的次数，n 代表收敛判断条件。适应值 V 由式(9-13)提供：

$$V = \sum_{M=1}^{N} \left(\sigma \frac{R_i}{d_{ij}} + \frac{R_i}{C_j} \right) \tag{9-13}$$

由于任务集群中的任务数量较多，选择 N 作为遗传算法的初始种群。随后，在生成的种群中计算每个种群的适应度。抛弃超过边缘处理器资源限制或能耗预算限制的种群。在遗传算法迭代中，根据轮盘赌法和交叉概率生成下一代种群。对于新生成的种群，计算新种群的适应度，计算服务资源消耗和能源成本是否超过边缘处理器预算，并丢弃超过预算的种群。如果该值大于之前的适应度，则更新全局适应度值。否则，τ (没有更新适应度)的值加 1。当 τ 超过系统设定的最大适应度未更新数 n 时，程序认为算法已经收敛。至此，程序结束遗传算法的迭代循环。否则，在遗传算法的迭代完成之前，程序不会认为结果收敛。

当程序达到收敛条件时，不能确定此时得到的值是否为全局最优的。本章已经介绍了一部分模拟退火策略。当遗传算法收敛时，算法改变了现有的服务部署策略，是否可以在不超出服务资源和能源成本的情况下为新任务提供服务。如果可能，则重新计算适应度水平。如果高于以前，则更新服务放置策略。或者在约束条件允许的情况下，将任务 i 与当前服务部署策略中的某个任务交换，看是否可以获得更好的适应性。如果可以获得更好的适应度值，则更新服务部署策略。

不难看出，SPIGA 的目标是在每个时间槽 t 中找到最大的适应度值，即最好的服务质量。当然，获得最佳服务部署策略的前提是不超过边缘处理器的资源和能源成本。从长远来看，边缘计算系统需要用户未来的位置信息，以便 MEC 系统做出全局最优的服务部署决策，让用户获得更好的服务体验。遗憾的是，提前获取用户未来时间的位置信息非常困难。为了解决这个问题，本章将全局优化问题转换为时间槽 t 内的一次性优化问题。时间槽 t 中的一次性优化问题为

$$\max\left(\sigma\frac{R_i}{d_{ij}^t}+\frac{R_i}{C_j}\right)x_{ij}^t-\sum_{j'\in\text{ES}}\kappa_{jj'}y_{ijj'}^t \tag{9-14}$$

定理 9-1 时间槽 t 中的一次性优化问题是 NP 难问题。

证明 本章从广义分配问题(generalized assignment problem，GAP)到一次性优化问题(式(9-14))构建多项式时间归约。这是一个经典的优化组合问题，已知是 NP 难问题[12]。

算法 9-1 SPIGA

输入：初始化环境参数 R_i、d_{ij}、C_j、$\mathbb{P}_j$、$\mathbb{C}_j$、σ、γ、M；

输出：对于边缘处理器 ES_j 的服务部署策略；

1：计算每个任务 i 的 QoS 值以及能耗，$\text{QoS}_{ij}^t=\sigma\dfrac{R_i}{d_{ij}^t}+\dfrac{R_i}{C_j}$，$P_{ij}=\gamma\dfrac{R_i}{C_j}$；

2：初始化遗传算法参数 M、G、C_p、V、k、τ、n；

3：从所有任务中随机选择 N 个作为初始化种群；

4：**if** $\dfrac{R_a}{C_j}>\mathbb{C}_j$ 或者 $\gamma\dfrac{R_a}{C_j}>\mathbb{P}_j$，$a\in M$ **then**

5：　　从种群 N 中删除样本 a

6：　　初始化适应度：$V=0$

7：**end if**

8：**while** 迭代轮次 $G\leqslant k$ **do**

9：　　基于交叉概率 C_p 生成下一代样本

10：　　**if** $\dfrac{R_b}{C_j}>\mathbb{C}_j$ 或者 $\gamma\dfrac{R_b}{C_j}>\mathbb{P}_j$，$b\in M$ **then**

11：　　从种群 N 中删除样本 b

12：　　**end if**

13：　　计算新样本的适应度：V'

14：　　**if** $V'>V$ **then**

15：　　　　$V\leftarrow V'$

16：　　**else**

17：　　　　$\tau+=1$

18：　　**end if**

19：　　**if** $\tau>n$ **then**

20：　　　　满足收敛条件并结束循环

21：　　　**end if**

22：　　　$k+=1$

23：**end while**

24：**for** 将任务 i 加入种群或用任务 i 将种群中的一个任务替换出来 **do**

25：　　　**if** $\dfrac{R_i}{C_j} \leqslant \mathbb{C}_j$ 且 $\gamma\dfrac{R_i}{C_j} \leqslant \mathbb{P}_j,\ i \in M$ **then**

26：　　　　　计算加入任务 i 之后的样本适应度 V'

27：　　　　　**if** $V' > V$ **then**

28：　　　　　　　将任务 i 加入样本并更新种群

29：　　　　　**end if**

30：　　　**end if**

31：**end for**

32：**return**

其中，GAP 的目标函数和约束条件如下：

$$\max \sum_{i=1}^{m}\sum_{j=1}^{n} c_{ij} z_{ij} \tag{9-15}$$

约束：

$$\sum_{i=1}^{m} z_{ij} = 1, \quad \forall j = 1,2,\cdots,n \tag{9-16}$$

$$\sum_{j=1}^{n} w_{ij} z_{ij} \geqslant v_i, \quad \forall i = 1,2,\cdots,m \tag{9-17}$$

$$z_{ij} \in \{0,1\}, \quad \forall i = 1,2,\cdots,m;\ j = 1,2,\cdots,n \tag{9-18}$$

给定一个 GAP 的实例 $A = (m, n, c_{ij}, w_{ij}, v_i)$，本章将其映射到一次性优化问题的实例 A'(式(9-14))中，$A' = \left(|U| = m, |\mathrm{ES}| = n, d_{ij} = c_{ij}, y = 1, w_j = \dfrac{R_j}{C_j}, v_i = V \right)$。显然，上述映射可以在多项式时间归约中完成。如果找到一种算法来解决成本效益问题 A'，它也可以相应地解决问题 A。因此，GAP 可以看成一次性优化问题的一个特例。鉴于 GAP 是已知的 NP 难问题，所以一次性优化问题(式(9-14))也是一个 NP 难问题。

由于 NP 难问题是一个非确定性的复杂多项式求解问题，使用启发式算法，可以在用户能容忍的时延内找到一个可以接受的次优解。所以，本章提出的算法由遗传算法和模拟退火算法组合构成。在本章的问题模型中，每个时间槽的服务部署策略问题等价于 0-1 背包问题。每个任务相当于一个项目，QoS 相当于项目的价值，P_{ij} 相当于项目的权重，将任务 i 分配给背包 j。边缘处理器相当于一个背包，$\mathbb{C}_j$ 相当于背包的容量。当满足约束条件时，服务部署策略的目标是将项目 (任务)分配给背包(边缘处理器)，以最大限度地提高总服务质量(权重)，即获得较高的 QoS。

9.5　实验与分析

为了评估本章提出的 SPIGA 的性能,通过真实数据设计仿真实验来评估算法的性能。针对不同的数据规模，实验从算法执行时间、QoS 值、资源利用率等方面来评估算法的性能。

9.5.1　模拟实验环境设置

本章使用收集的出租车轨迹的真实数据集[13]进行分析，以获得用户位置信息和移动轨迹。同时，本章选取的坐标[14]作为模拟边缘处理器的坐标。将某区域划分为一个 21×21 的二维单元格网格，其中有用户和某咖啡店位置。在随后的模拟实验中，本章使用某咖啡店的坐标作为模拟实验中边缘处理器位置坐标。本章的仿真实验平台配置如下：Intel(R) Xeon(R) CPU E7-4830 v4，2.00GHz，RAM 64G，SSD 512G。

在本章的仿真实验中有四个边缘处理器节点,它们的计算能力 C、传播系数 σ 和能耗系数 γ 如表 9-2 所示。通过这些参数，利用二维网格单元中的坐标，就可以计算出用户和边缘处理器之间的曼哈顿距离，进一步计算就可以得到时间槽 t 内所有用户的 QoS。

表 9-2　仿真实验参数设置

边缘处理器节点	C	σ	γ
节点 1	30	1	4
节点 2	50	2	3
节点 3	80	3	7
节点 4	100	4	9

本章的仿真实验分为两部分，一部分是小样本数据，另一部分是大样本数据。小样本数据从 5 个任务到 25 个任务，每个实验分为四组数据。具体小样本的模拟实验参数如表 9-3 所示。大样本数据包含 100 个任务，通过比较各种算法的执行

结果来评估本章提出算法的性能。

表 9-3　　小样本模拟实验数据

任务数	组别	资源约束	能耗约束
5 个任务	1	50	150
	2	30	80
	3	15	120
	4	15	160
10 个任务	1	90	400
	2	50	150
	3	25	200
	4	25	250
15 个任务	1	120	550
	2	60	180
	3	35	300
	4	25	230
20 个任务	1	130	560
	2	100	300
	3	60	400
	4	60	600
25 个任务	1	180	750
	2	130	420
	3	75	550
	4	55	500

9.5.2　小样本模拟实验性能评估

在模拟实验中，将 SPIGA 与其他六种算法性能进行比较。在模拟实验中边缘计算的服务部署问题转化为 0-1 背包问题，最优部署策略即获得最高的 QoS 值。因此，第一个对比算法使用最基本的迭代算法[15]，目的是在每组样本中获得最佳的部署策略。因为本章提出的 SPIGA 是基于 GA[10]和 SA 算法[11]提出的，所以将 GA 和 SA 算法也作为对比算法。科研领域对遗传算法改进方法的研究从未中断过，为了使实验数据更具说服力，又增加了两种改进的遗传算法进行比较，即改进混合遗传算法(improved hybrid genetic algorithm，IHGA)[16]和模拟退火遗传算法(simulated annealing genetic algorithm，GASA)[17]。IHGA 是结合贪心算法[18]和 GA 提出的，目的是通过贪心算法筛选优秀的基因组，以提高初始化种群的质量。与本节中提出的 SPIGA 类似，GASA 是结合 GA 和 SA 算法提出的。然而，GASA

的目标是在 SA 算法的局部最优值的邻域内生成高质量的初始种群。贪心算法在解决 NP 难问题时通常会得到较好的结果，因此模拟实验也选择了贪心算法作为对比算法。无论是 GA 还是 SA 算法都不容易达到全局最优，这两种算法的最终结果很可能会陷入局部最优。这就是引入迭代算法作为对比实验的原因，通过迭代算法得到全局最优解。通过全局最优解，可以更好地将本章提出的 SPIGA 性能与其他算法性能进行比较。

迭代算法的执行时间随着样本数量的增加呈指数增长，因此不适合在同一张图中显示。这里分别列出迭代算法的执行时间，以提供算法性能的比较。对于表 9-3 中的小样本数据，迭代算法的执行时间分别为 0.018s、0.038s、0.88s、37.74s 和 73.87s。贪心算法没有初始化解以及随机生成样本的步骤，从时间成本的角度来说该算法会更加节省执行时间。为了使获取的数据更加具有公平性，在执行时间的模拟实验中，该算法不作为对比实验。

图 9-3 显示了不同任务数量下所有算法的执行时间比较。通过实验结果可以看到，GA、IHGA、SPIGA、GASA 等基于 GA 的改进算法在任务数量较少的情况下运行时间更短。这符合 GA 的快速收敛特性。SA 算法的目标是寻找全局最优解，整个算法的运行速度由降温速度和生成随机解的数量决定。因此，在少量任务的模拟实验中，SA 算法的运行时间比较长。通过实验结果观察到 GASA 在任务数量为 15、20 和 25 的样本中运行时间最长。GASA 将 SA 算法的局部最优值的邻域作为 GA 的初始种群。该算法在寻找邻域的过程中比较耗时，因此执行时间最长。随着任务数量的增加，SPIGA 的运行时间也相应增加。SPIGA 首先使用 GA 快速收敛的局部最优值，然后运用 SA 算法的思想跳出局部最优值，找到全局最优值。本章提出的 SPIGA 在搜索全局最优阶段比较耗时。

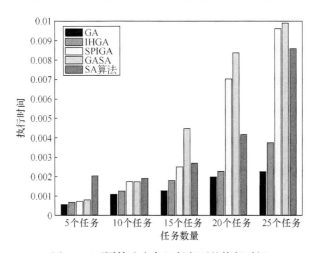

图 9-3　不同算法在各组任务下的执行时间

图 9-4 显示了不同数据样本下各算法得到的 QoS 值。由于启发式算法具有随机生成初始解的步骤，因此仿真实验中的 QoS 值是通过多次运行算法得到的平均值。这样使得数值受随机生成解的影响较小，实验结果更公平。通过实验结果可以清楚地看到 GA 和另外两个改进的遗传算法 IHGA 和 GASA 获得了较低的 QoS 值。这是遗传算法本身容易陷入局部最优的特点决定的。IHGA 是贪心算法和 GA 的结合。GA 求解值的好坏与初始化种群质量密不可分。一般来说，初始化种群的质量越高，越容易得到更好的解。这两种改进的遗传算法都试图通过提高初始化种群的质量来获得更好的遗传结果。虽然初始化种群的质量可能很高，但陷入局部最优后仍然无法获得更好的解。

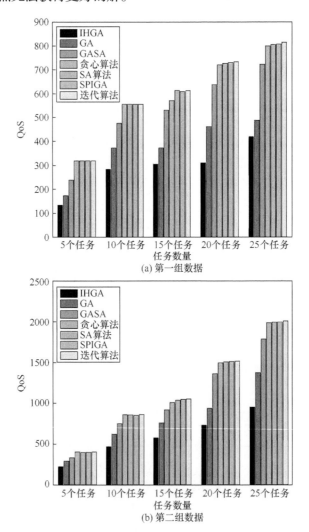

(a) 第一组数据

(b) 第二组数据

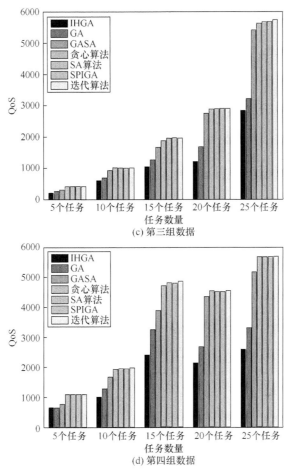

图 9-4　各算法在不同数据规模下得到的 QoS 值

　　迭代算法在模拟实验中总是得到最高的 QoS 值，贪心算法、SA 算法和 SPIGA 始终获得较高的 QoS 值。贪心算法的核心思想是在每一步都进行利益最大化选择。在背包问题中，贪心算法在满足背包容量的同时总是选择价值最高的物品。SA 算法会跳出局部最优，从而获得更高的 QoS 值。SPIGA 是在遗传算法陷入局部最优后引入 SA 算法的思想，使算法能够跳出局部最优，探索更高的 QoS 值。因此，这些算法在小样本实验中都获得了较高的 QoS 值。随着任务数量的增加，通过实验结果观察到贪心算法、SA 算法和 SPIGA 都达到了近似最高的 QoS 值。然而，SPIGA 得到的 QoS 值略高于其他两种算法，在某些情况下甚至可以达到全局最优。

9.5.3　大样本模拟实验性能评估

在小样本的情况下，各算法的 QoS 值差异并不明显，本节针对大样本规模数据进行模拟实验。在大样本数据中，从 100 个任务中挑选价值最高的任务提供服务。其中，计算资源约束为 250，能耗约束为 2300。模拟实验分别得到每种算法执行 50 次的结果。结果如图 9-5 所示，为了更好地突出 QoS 值，实验图将 50 个结果按升序排序。由于迭代算法过于耗费资源和费时，在大样本 QoS 值的实验中作为对比算法。

从图 9-5 可以看出，GA 和 IHGA 和 GASA 得到的 QoS 值处于较低水平。通过实验结果观察到贪心算法、SA 算法和 SPIGA 得到的 QoS 值都处于较高水平。这一结果与小样本实验中观察到的结果一致。由于贪心算法没有随机种群，并且每次运行都会获得唯一的 QoS 值，所以图 9-5 中的贪心算法结果是一条水平线。从图 9-5 实验结果中可以更清楚地看到，SPIGA 始终能够获得比其他算法更高的 QoS 值。

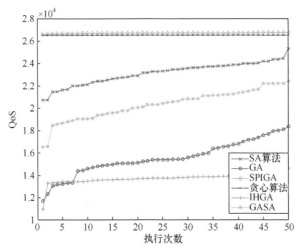

图 9-5　大样本情况下每种算法的 QoS 值

在大样本数据规模的模拟实验中，进一步对每种算法的计算资源利用率进行统计。在该项实验中让每种算法分别运行 10、20、30、40 和 50 次来统计计算资源使用情况。如图 9-6 所示，实验结果图展示了每种算法的计算资源利用率。GA、IHGA 和 GASA 的计算资源利用率不高，空闲计算资源较多。而贪心算法、SA 算法和 SPIGA 在计算资源利用率方面均高于其他算法。

如图 9-7 所示，实验结果图是各算法能耗的利用率。该结果与图 9-6 类似，GA、IHGA 和 GASA 消耗更少的能量。但是，贪心算法、SA 算法和 SPIGA 的能耗较高。与其他算法相比，SPIGA 在计算资源利用率和能耗利用率方面均处于最高水平。更高的计算资源利用率和更高的能耗利用率意味着边缘处理器为更多的任务提供服务，因此也获得了更高的 QoS 值。计算资源利用率和能耗利用率方面的实验结果进一步证实了 QoS 值的实验结果。

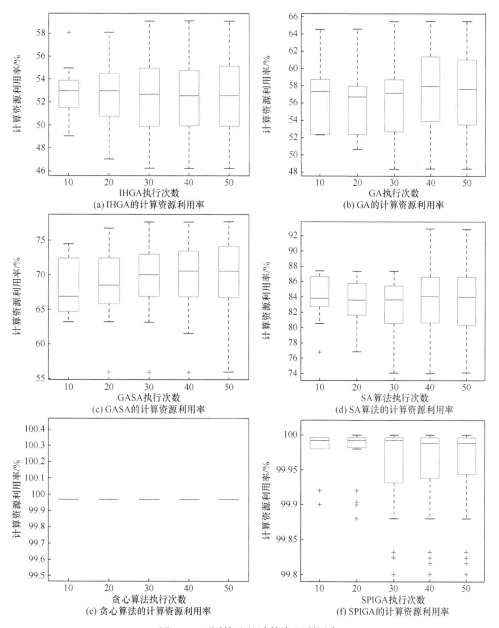

图 9-6　不同算法的计算资源利用率

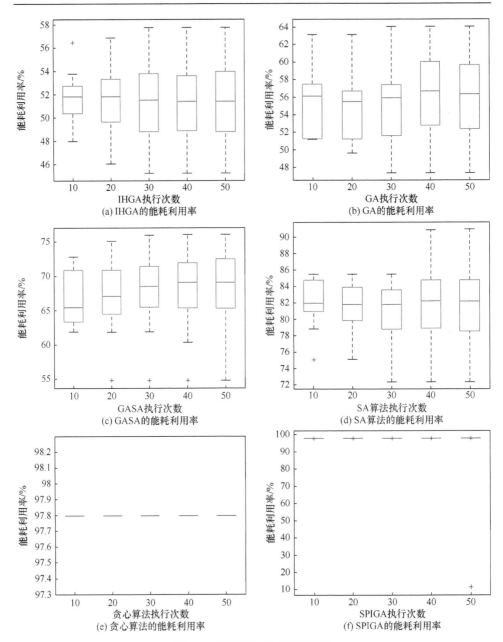

图 9-7　不同算法的能耗利用率

9.6　本 章 小 结

在本章中，延迟敏感型应用程序的服务部署问题转化为经典的 0-1 背包问题。将全局服务部署策略拆分为每个时间槽内的服务部署策略。本章的目标是在每个时间槽内获得最高的 QoS 值，同时考虑到边缘服务节点的资源限制。本章将 GA 的快速收敛特性与 SA 算法的思想相结合，弥补了经典 GA 陷入局部最优的缺点。实验结果表明，虽然本章提出的 SPIGA 在执行时间上有一定的损失，但与其他算法相比，总能获得最高的 QoS 值。SPIGA 还可以有效减少边缘服务节点的空闲资源。随着边缘计算的发展，本章的研究可以为未来的相关研究提供一定的基础支持。

参 考 文 献

[1] Fredrik J. Ericsson Mobility Report[R]. Stockholm: Ericsson, 2021.

[2] Malik R, Vu M. Energy-efficient joint wireless charging and computation offloading in MEC systems[J]. IEEE Journal of Selected Topics in Signal Processing, 2021, 15(5): 1110-1126.

[3] Moubayed A, Shami A, Heidari P, et al. Edge-enabled V2X service placement for intelligent transportation systems[J]. IEEE Transactions on Mobile Computing, 2021, 20(4): 1380-1392.

[4] Zhao X Y, Gu C S, Zhang H, et al. Dear: Deep reinforcement learning for online advertising impression in recommender systems[J]. Proceedings of the AAAI Conference on Artificial Intelligence, 2021, 35(1): 750-758.

[5] Thananjeyan S, Chan C A, Wong E, et al. Mobility-aware energy optimization in hosts selection for computation offloading in multi-access edge computing[J]. IEEE Open Journal of the Communications Society, 2020, 1: 1056-1065.

[6] Xiao H, Hu Z G, Yang K, et al. An energy-aware joint routing and task allocation algorithm in MEC systems assisted by multiple uavs[C]//2020 International Wireless Communications and Mobile Computing, Limassol, 2020: 1654-1659.

[7] Apat H K, Bhaisare K, Sahoo B, et al. Energy efficient resource management in fog computing supported medical cyber-physical system[C]//2020 International Conference on Computer Science, Engineering and Applications, Gunupur, 2020: 1-6.

[8] Yang S, Li F, Shen M, et al. Cloudlet placement and task allocation in mobile edge computing[J]. IEEE Internet of Things Journal, 2019, 6(3): 5853-5863.

[9] Koufos K, Dhillon H S, Dianati M, et al. On the k nearest-neighbor path distance from the typical intersection in the manhattan poisson line cox process[J]. IEEE Transactions on Mobile Computing, 2023, 22(3): 1659-1671.

[10] Owais S, Snasel V, Kromer P, et al. Survey: Using genetic algorithm approach in intrusion detection systems techniques[C]//2008 7th Computer Information Systems and Industrial Management Applications, Ostrava, 2008: 300-307.

[11] Cai H W, Lu X D, Du T, et al. A survey of artificial intelligence algorithm in power system applications[C]//2019 IEEE 3rd International Electrical and Energy Conference, Beijing, 2019: 1902-1906.

[12] Lau T L, Tsang E P K. The guided genetic algorithm and its application to the generalized assignment problem[C]//Proceedings Tenth IEEE International Conference on Tools with

Artificial Intelligence, Taipei, 1998: 336-343.

[13] Zheng Y. T-Drive trajectory data sample[EB/OL]. https://www.microsoft.com/en-us/research/ publication/t-drive-trajectory-data-sample/. [2023-5-7].

[14] Chris M. Starbucks Locations Worldwide[EB/OL]. https://www.kaggle.com/starbucks/store-locations. [2023-5-7].

[15] Nuriyeva F, Nuriyev U, Ugurlu O. A simple iterative algorithm for boolean knapsack problem[C]//The International Conference on Artificial Intelligence and Applied Mathematics in Engineering, Cham, 2019: 684-689.

[16] Türkkahraman Ş M, Öz D. An improved hybrid genetic algorithm for the quadratic assignment problem[C]//2021 6th International Conference on Computer Science and Engineering, Ankara, 2021: 86-91.

[17] Ji O, Meng F C, Zheng H Z, et al. Optimization and integration of logistics facilities resources based on genetic-simulated annealing hybrid algorithm[C]//2021 4th International Conference on Artificial Intelligence and Big Data, Chengdu, 2021: 135-142.

[18] Sheibani K. The fuzzy greedy search in combinatorial optimization with specific reference to the travelling salesman problem[C]//2010 IEEE International Conference on Industrial Engineering and Engineering Management, Macao, 2010: 1367-1370.

第 10 章　前 景 展 望

在如今互联网、物联网快速发展的时代，大量新型的移动应用程序走进了人们的生活，使接入网络中的智能设备呈现出爆炸式的增长。同时，各类服务的多样化，导致用户的需求也在急速增多。因此，智能设备自身固有的弊端也展现得越来越明显，如何高效地满足用户需求、提升用户体验成为网络服务的主要方向。边缘计算的出现为其提供了新思路，通过将计算资源与服务下沉到网络边缘，可极大地缩短计算的响应时间，并有效突破智能设备资源有限的瓶颈。

未来物联网将会有以下两个发展趋势，即海量联网设备的连接与由海量连接所生成的海量数据。这意味着随着移动智能设备数量的快速增加，物联网将连接更多的设备，除了传统的智能手机、平板计算机和笔记本计算机之外，越来越多的设备将具备联网功能，如智能家居设备(智能灯泡、智能插座、智能家电)、可穿戴设备(智能手表、健康追踪器)、智能车辆和工业设备等。与设备连接相关的数据量也将呈指数级增长，每个设备都可以生成和接收大量的数据，包括传感器数据、用户行为数据、环境数据等。这些数据将被传输到云端进行存储、处理和分析，以提供各种智能服务和决策支持。

为了应对这些发展趋势，边缘计算成为一种重要的解决方案。边缘计算通过在网络边缘部署计算资源和服务，将计算任务和数据处理下沉到离用户和设备更近的位置。这样可以大大减少数据传输的延迟，并减轻云端的负担。边缘计算使得智能设备可以更快地响应用户请求，提供更高效的服务，并减少对网络带宽的依赖。海量的物联网数据将成为提供更智能的服务和洞察力的重要资源。通过对这些数据进行分析和挖掘，可以发现隐藏的模式、趋势和关联，从而为用户提供个性化的服务和决策支持。这将推动物联网向更智能、更便捷、更可靠的方向发展，为人们的生活和工作带来更多的便利和创新。本书从如下三个方面研究了边缘计算中的资源调度机制，即任务调度、计算卸载、服务部署。

任务调度用于合理分配和管理边缘设备上的计算任务，选择适合执行特定任务的边缘节点，再将任务分配给合适的边缘节点执行，考虑负载均衡和任务的实时性，是一个复杂而关键的问题。因此本书对如何实现可信的云端资源调度从而达到提高资源利用率，减少服务延迟，实现高效、可靠和实时的任务调度，提高用户满意度进行了研究。

本书提出了一种基于服务感知的资源分配框架，该框架可以根据服务请求的不同进行分类。在分类过程中提出一种自学习分类算法，该算法利用越靠前越重要和表述越准确关联性越强的理念进行以位置加权和属性加权并重的方法实现联合加权分类。另外，在算法中加入回馈机制进行自学习理念的应用。随后根据请求种类的不同进行相关虚拟机的划分与调配。在虚拟机服务过程中，设计相应的资源共享算法以及虚拟机资源扩展算法联合实现资源的优化管理，达到提高资源利用率的目的。然而，资源扩展算法主要是根据到达的服务请求数据量进行虚拟机的开关机操作，容易造成虚拟机的跌宕操作，进而造成资源浪费。为了避免资源管理算法所造成的资源跌宕操作，本书提出一种虚拟机迁移算法。通过虚拟机迁移可以避免占用过多的物理机资源，减少基本资源消耗。另外，在虚拟机迁移中引入马尔可夫决策过程进行管理，经过大量数据的执行分析生成的策略可以实现虚拟机的预先迁移操作。最后，通过实验验证所提出框架以及相应算法的良好性能。

针对服务请求调度的随机性问题，本书提出了一种基于李雅普诺夫漂移的虚拟机优化调度策略。该策略引入马尔可夫决策过程进行随机资源调度的研究。研究专注于虚拟机的管理，用反馈机制和请求与虚拟机的自适应性进行总体服务请求到达率以及虚拟机管理策略的映射研究。在虚拟机管理中，利用马尔可夫决策过程的生成策略分别进行基本资源配置方案的管理和虚拟机开关机管理。策略可以指导基本资源配置方案的转换管理，实现快速的资源增加或者减少资源的闲置。策略控制下的虚拟机开关机管理可以进行小范围的资源调整，也可以达到提高资源利用率的目的。另外，在策略执行过程中，利用马尔可夫决策过程的自主调整能力实现服务请求到达率与虚拟机管理的隐形映射，加强资源管理的实时动态性。在算法执行之前，利用李雅普诺夫优化理论证明了优化算法的可行性。最后，实验表明研究所提出的随机调度策略达到了提高资源利用率、减少服务延迟、降低请求丢弃率的目标。

智能终端设备网络接入量的增多以及云网络的快速发展，导致云端资源需求量急剧增加。云端资源作为整个云网络提供服务的主体，实现云端资源的规范化管理，为用户提供可信、高效的云端级服务是云服务网络发展研究的重点。云服务网络是互联网发展的一个重要方向，在其中众多研究人员已经做出许多贡献，但是随着社会的进步、人们需求的变动，仍然存在许多需要解决的问题，如下所示。

(1) 边缘云计算技术和雾计算技术的发展，使云端数据中心在服务终端用户请求的同时还需要为边缘云计算以及雾计算提供相应的服务。边缘云计算将云计算的能力和服务推向离用户更近的边缘位置，将计算、存储和网络资源分布到边缘节点，使得数据处理能够更加接近数据源和终端用户。雾计算将云计算的能力和服务进一步推向网络边缘，更加接近终端设备和传感器，终端设备和传感器可以直接与云端数据中心进行通信和协作，实现更快速的数据处理和决策。这些复杂的特定网络以及终端的联合接入就需要云端的数据中心具备灵活、高效的云端资源管理能力。

(2) 随着社会以及万物互联-物联网的发展，数据资源所包含的各项信息的价值促进了大数据时代的发展，每秒或者每一时刻有将近太字节(TB)级别的数据急需处理。大量的数据传输以及数据处理不可避免地为网络拓扑和云端服务器带来沉重的负担。因此，如何改进云端的服务模式或者提出更高效的资源管理方式是云网络服务应对大数据时代研究的重点。

(3) 随着云网络中云端资源的增多以及各云端数据中心地域性的变化，服务请求可能在就近的较小云端无法找到需要的信息，这就需要进行云数据中心之间的信息交流。频繁的云数据中心之间的交互会造成数据中心主干路过载的情况。因此，如何实现高效的云数据中心之间的信息存储与信息交互也成为提高服务质量与服务效率的关键。

计算卸载策略的选择取决于应用的要求、终端设备的计算能力和网络传输的延迟等因素。在实际应用中，可以根据任务的特点和环境条件来灵活选择适合的卸载策略。此外，还需要考虑任务分配和调度策略，以确保计算任务能够有效地分配和调度到合适的计算资源上，以达到最佳的性能和用户体验。因此，本书研究了面向用户代价的边缘云中任务的计算卸载问题及有效的计算卸载策略、面向多用户任务卸载算法、边缘云环境中面向任务可分的协同任务卸载策略。

针对大量对时延要求高的敏感型任务，通过优化任务的计算时延，提升敏感型任务的计算效率。利用队列理论，并通过定义李雅普诺夫漂移优化问题，对系统中各类设备及处理器上任务的积压进行优化，同时对队列的稳定性进行具体的分析。这种从优化时延、减小成本的角度出发的方法能够取得较好的效果。

本书引入 D2D 通信技术，阐述了一个联合 D2D 与边缘云的卸载架构，增加任务可选择卸载的目标设备，从而提高处理效率。同时，本书提出了一种基于 D2D 协作的计算卸载策略，对任务在本地、对等设备以及边缘处理器上的计算成本进行计算，并利用随机优化与背压算法，获得任务最优的卸载决策。这一策略在减小任务计算代价方面展现出优越性。

通过面向多用户任务卸载算法确定任务是否需要进行卸载。当任务不需要卸载时，则进一步解决处理器内核调度问题。通过对待处理任务的数据量大小、时延要求进行分析，计算出处理该任务所需的最佳处理频率，并与处理器中的多个内核进行匹配，找出在满足时延要求的前提下消耗能量最少的内核。此外，将两个子问题的处理过程进行归纳整合，提出了面向多用户的计算资源调度算法。通过仿真实验验证了该算法可以收敛到一个确切的处理策略，并从多个角度对能耗和时耗进行了分析。

　　针对边缘云环境中面向任务可分的协同任务卸载研究，考虑如何将待处理任务划分为多个子任务，并利用环境中的多个边缘云进行协同并行处理，以提高边缘云计算资源的整体利用率，降低任务处理时延。该研究主要面向以数据为导向的应用产生的任务和以依赖关系为导向的应用产生的任务。在以数据为导向的应用产生的任务中，该类任务内部没有太多的关联关系，如文件压缩、病毒扫描等。因此，该类任务可以任意地划分成多个子任务。在以依赖关系为导向的应用产生的任务中，其任务内部组件之间存在多个依赖关系，根据任务内部组件间的多个依赖关系将其划分成多个子任务，并利用环境中的多个边缘云和用户设备自身进行并行处理，以此提高边缘云计算资源的整体利用率。由于该研究中，任务根据内部组件之间依赖关系进行划分，这就导致任务的划分不是任意的。因此，针对该问题采用启发式算法中的差分进化算法来解决，并通过改进使其可以更为高效地解决子任务并行处理问题。与传统的任务卸载模式相比，将任务划分为多个子任务并利用环境中的多个边缘云进行并行处理，可以降低任务处理时延，提升任务处理质量。

　　边缘云计算凭借其高可靠、低时延的优势，为众多领域提供计算服务。通过用户设备将生成的待处理任务通过网络传输到附近的边缘处理器或云端服务器进行处理，可以减轻终端设备的计算负担，提高能源效率，并改善用户体验，是突破用户设备自身计算资源限制，提高计算能力的有效途径。但上述研究内容还存在很多不足之处，仍待进一步研究和改进。

　　(1) 提及的研究内容只考虑了网络的当前环境，假设用户一直处于较强的信号覆盖环境中，并未考虑用户设备的移动性，以及用户设备电池电量的消耗状态。若用户是移动的，则还需对用户的行动轨迹进行预测，通过对用户实际位置可用计算资源情况的了解，设计卸载策略。同时，在卸载过程中，还需考虑电池电量的消耗情况，面向更真实的计算场景，综合多种影响因素，为用户设计出能适应不同状况下的具有动态性的计算卸载策略。

　　(2) 用户对于隐私问题越来越重视，尤其是在边缘计算领域。虽然边缘云位于距离用户较近的地方，但只要有数据的传输，就有数据泄露的可能性。因此，在下一步的研究中，卸载过程中安全问题也是必须重视的方向之一。

　　(3) 在未来万物互联的时代，将更多地考虑关于异构设备的融合问题、设备实时状态的监测问题，形成更加复杂、多样化的任务处理网络。将不同类型、不同功能的设备整合到一个统一的网络中，充分将万物互联起来，形成广范围的数据处理网络，从而形成"万物互联、万物皆任务、万物皆服务"的时代，为数据处理提供更加实时、更加高效的计算服务。如何有效地协调和管理这些异构设备，使其协同工作，是一个重要的问题。这涉及设备之间的通信协议、数据格式的兼容性，以及任务的分配和调度策略等方面的研究和设计。

　　近年来，随着移动互联网通信技术的发展，以 5G 为首的各类应用场景被挖掘出来。这些场景包括工业互联网、智能医疗、智慧城市以及各类娱乐等。这些场景从构想到落地建成，也极大地促进了物联网及其相关设备的发展。伴随着这些应用场景的诞生，各类新型应用程序也如雨后春笋般地涌现。为了提高用户的使用体验，这类应用程序往往对于时延的要求都极为苛刻，统称这类程序为延迟敏感性应用程序。本书对边缘计算中延迟敏感服务的部署策略进行了研究和探讨，如何为不同场景中的应用程序设计服务部署策略，是本书在服务部署方面研究的核心内容。

　　按照应用场景的不同，边缘计算大体上可以分为固定场景和移动场景。在固定场景中，边缘计算可以通过部署服务来满足延迟敏感性应用程序的要求。该场景的特点是传感器的位置都是固定的，提交的计算任务在一定时期内不会发生太大的改变。通过在靠近传感器的边缘节点上进行数据处理和计算，可以减小数据传输的时延，并提供实时的响应。可以设计出最优的服务部署策略，以最大限度地降低时延并提高性能。

　　而在移动场景中，由于智能设备的位置不断变化，边缘计算的部署策略需要更加灵活和动态。可以使用智能算法和位置感知技术来实时监测设备的位置，并将服务部署到距离设备较近的边缘节点上，以降低数据传输的时延。同时，还可以利用移动设备的本地计算能力，将一部分计算任务在设备端进行处理，进一步降低延迟并减少对网络的依赖。

　　在场景一中，主要针对如医院、工厂、商场等这类场所中的新兴应用程序设计服务部署策略。在该场景下，产生数据的智能终端设备是固定的，在一定时间间隔内的数据类型相对固定，只是在数据量的多少上存在差异。针对该场景的特点，从传输时延和服务时延两方面进行性能优化。在传输数据之前对网络链路进行评估，选择通信状态良好的链路进行数据传输，目的是降低传输时延。为了避免单一边缘节点的负载过高，通过 DAG 解析程序处理过程并分配任务组件到不同的边缘处理器获取服务，以此来提高异构环境下边缘处理器的资源利用率，降低整个程序的服务时延。通过仿真时延可以看出，本书提出的 DSPLS 调度算法，可以有效降低整个任务的服务时延，使得用户的任务处理时间最少。

　　在场景二中，主要针对如无人驾驶、无人机协作等传感器处于运动状态的服务部署策略进行研究。该场景与第一个场景最大的区别在于，产生数据的智能终端设备是处于运动状态中。根据运动速度和运动时间的不同，往往可以跨越多个通信区域，也就是说从设备出发到最终停止可能中间的地理距离非常远。对于这类场景中的服务部署策略难点在于：如何提供服务，何时提供服务，需不需要迁移服务，以及何时迁移服务。将延迟敏感型应用程序的服务部署问题转化为经典的 0-1 背包问题，将全局服务部署策略拆分为每个时间槽内的服务部署策略。该项研究中提出了 SPIGA，该算法可以根据边缘计算节点的资源状况、服务时延以及能耗等方面的因素，在综合考虑 QoS 的情况下制定服务部署策略。通过仿真实验结果可以看出，虽然提出的 SPIGA 在执行时间上损失了一定的性能，但是更容易获得最好的系统性能。

上述方法在边缘计算领域的服务部署策略方面进行研究，虽然在仿真实验结果上看得出来本书提出的算法有一定的进步，但是研究本身存在一部分假设情况，使得研究环境较为理想化，若想要在生产生活中应用和推广还需要在以下几个方面进行深入研究。

(1) 针对服务部署策略的研究应该更加具体和实际，如增加计算节点。通过增加计算节点，可以实现任务的并行处理和负载均衡，从而提高整体系统的处理能力和响应速度；不同的带宽情况可能会对数据传输和任务执行产生不同的影响，考虑在什么样的带宽情况下可以获得最好的性能；多核处理器可以同时执行多个任务，提高计算效率，需要考虑多核处理器的服务部署策略。设计的服务部署策略应该更加具体和贴近现实情况。

(2) 在研究服务部署策略的过程中，忽略了任务到达边缘服务节点时的等待情况。通常情况下，在现实生活中不会有那么多的空闲服务器等待用户请求服务。未来应该针对任务的等待情况进一步优化服务部署策略，考虑任务的等待情况，并采用排队论、调度算法和资源管理机制等方法来减少任务的等待时间，提高系统的性能和用户体验感，使研究结果更贴近实际应用场景，并为边缘计算系统的实际部署提供更有效的指导。

(3) 使用的算法都是较为传统的启发式算法，而且也没有考虑到边缘计算中涉及安全的问题。在未来的研究中可以结合联邦学习，在保护用户数据隐私的同时，提高模型的准确性和其他性能。可以结合安全风险评估模型和机器学习算法，根据不同的安全需求和威胁情况，为不同场景中的应用程序设计安全的服务部署方案。这样可以有效地保护边缘计算系统中的数据和用户隐私，提高系统整体的安全性，使得整个边缘计算系统模型更加全面和准确。

随着边缘计算的不断发展和普及，资源调度仍面临许多的挑战，计算卸载、任务调度和服务部署是边缘计算领域中至关重要的三个资源管理和优化方面。这些方面涉及边缘计算系统中的计算、存储和网络资源的有效利用，以提高系统性能、响应速度和用户体验。根据本书所研究内容的分析与总结，后续研究工作可以针对下述几个方面展开。

(1) 资源异构性。边缘计算环境中存在多种类型和规模的边缘设备和云服务器，这些资源之间存在异构性，资源调度需要考虑如何在分布式环境中进行任务和数据的分配。资源的异构性包括计算能力、存储容量、网络带宽以及能耗等方面的差异。在资源分配和任务调度中，如何有效地利用不同资源的异构性，并将任务分配给最适合的资源，是一个重要的挑战。未来的发展方向是建立分布式调度系统，通过有效的协同和通信机制，实现跨边缘设备和云服务器的资源调度和协作。通过合理分配计算任务，最大限度地利用边缘设备和服务器的计算能力，实现资源调度策略根据实时的环境和系统状态进行动态调整，开发更加智能和灵活的负载均衡策略，根据节点的负载情况、任务的特性和网络条件等因素，动态地调整任务的分配，提高系统整体的性能和效率，适应不断变化的需求和条件。

(2) 网络延迟和带宽限制。边缘计算涉及大量的数据传输和处理，而网络延迟和带宽限制成为资源分配和任务调度的关键限制因素。边缘设备与云服务器之间的通信延迟较高，并且网络带宽有限。在资源分配和任务调度中，需要考虑如何减少数据传输延迟、降低网络带宽消耗，以提高系统的性能和效率。实现跨层次的资源调度，使得不同层次的资源可以协同工作，实现更高效的任务处理和数据传输。根据任务的特性和实时需求，将计算任务分配给最近的边缘设备或服务器，从而优化响应时间。通过减少数据传输的距离和网络延迟，可以实现更快的任务响应和即时的计算结果返回。

(3) 不确定性和动态性。边缘计算环境中的资源需求和网络状况往往是不确定和动态变化的。任务的到达率和资源的负载可能会随时间和位置的变化而变化。这给资源分配和任务调度带来了挑战，需要研究如何在不确定性和动态性的环境下，进行实时的资源分配和任务调度，以满足不断变化的需求。未来的资源调度将更加智能化和自动化，可以使资源调度策略具备更高级的决策能力和智能化的优化能力。例如：利用数据分析、机器学习和人工智能技术可以对海量数据进行分析和挖掘，提供智能的决策支持系统，从而实现对边缘设备和云服务器的资源需求进行准确预测，帮助决策者做出更加准确和智能的调度决策；引入多目标优化方法，考虑资源利用率、任务响应时间、能耗等多个指标，通过多目标优化算法，实现资源调度的综合性能优化；研究不同边缘节点之间的协作调度机制，实现任务的协同执行和资源的共享利用，以提高系统整体的效率和性能。因此，未来的资源调度策略需要具备一定的弹性，能够根据实际需求进行资源的动态调整和重配置。弹性调度可以在高峰期提供更多的计算资源，同时在低负载时释放闲置资源，提高资源利用率和系统的灵活性。

(4) 隐私和安全性。边缘计算涉及处理大量的敏感数据，包括个人隐私数据和商业机密数据。资源分配和任务调度需要考虑如何保护数据的隐私和安全性，如何加强对数据的加密和认证机制，如何确保数据在传输和处理过程中的安全性，这涉及数据的加密、身份认证、访问控制等安全机制的设计和实现。未来，资源调度算法也需要考虑任务的安全需求和节点的安全性能，将安全任务分配给具有较高安全级别的节点，避免敏感数据的泄露和未经授权的访问，遵循隐私保护的原则和规范。可以引入安全审计和监测机制，对资源调度过程进行实时监测和审计，及时发现和应对安全威胁和攻击行为，保障边缘计算系统的安全性。

（5）可扩展性和性能优化。边缘计算系统通常涉及大规模的边缘设备和云服务器，资源分配和任务调度需要具备良好的可扩展性。这包括在大规模系统中实现高效的资源分配和任务调度，以及处理大量并发任务的能力。同时，研究人员还需要探索如何通过性能优化和算法设计，如在能耗感知机制、边缘节点之间的能量协同调度策略等方面进行研究和补充，实现能量的共享和转移，提高资源分配和任务调度的效率和性能。

（6）边缘云协同。边缘计算和云计算的结合是未来的趋势，资源调度策略需要边缘计算节点和云计算资源之间的协同工作。因此，需要研究边缘节点和云端资源的协同调度策略，根据任务的特性和需求，灵活地选择边缘节点或云端执行，实现资源的有效利用和任务的高效执行；设计边缘云一体化的资源调度架构，实现边缘节点和云端资源的无缝集成和协同工作，提供统一的资源管理和调度接口。边缘云协同将在各个领域中发挥重要作用，如智能交通、物联网、工业自动化等。

在边缘计算系统中，边缘节点的资源是有限的，需要合理分配给不同的任务和应用程序。资源调度策略需要考虑任务的优先级、资源需求和节点负载等因素，以实现任务的公平分配和最大化资源利用。

边缘计算系统中的网络通信是复杂的，涉及边缘节点之间的数据传输和协作。资源调度需要考虑网络拓扑、带宽限制和数据传输延迟等因素，以优化任务的调度和数据传输，提高整体系统的性能。

边缘计算系统中的任务具有时变性和异构性。不同类型的任务可能需要不同类型的资源和处理能力。资源调度策略需要根据任务的特性和资源的可用性，动态地调整任务的分配和调度，以满足任务的需求和系统的性能要求。

随着边缘计算的快速发展，资源调度将成为边缘计算系统中至关重要的一环。对这些挑战的深入研究和解决，将推动边缘计算系统的发展，提高边缘计算系统的性能和效率，提供更加智能和可靠的边缘计算服务，促进边缘计算技术的广泛应用和发展。